ダチョウはアホだが役に立つ

塚本康浩

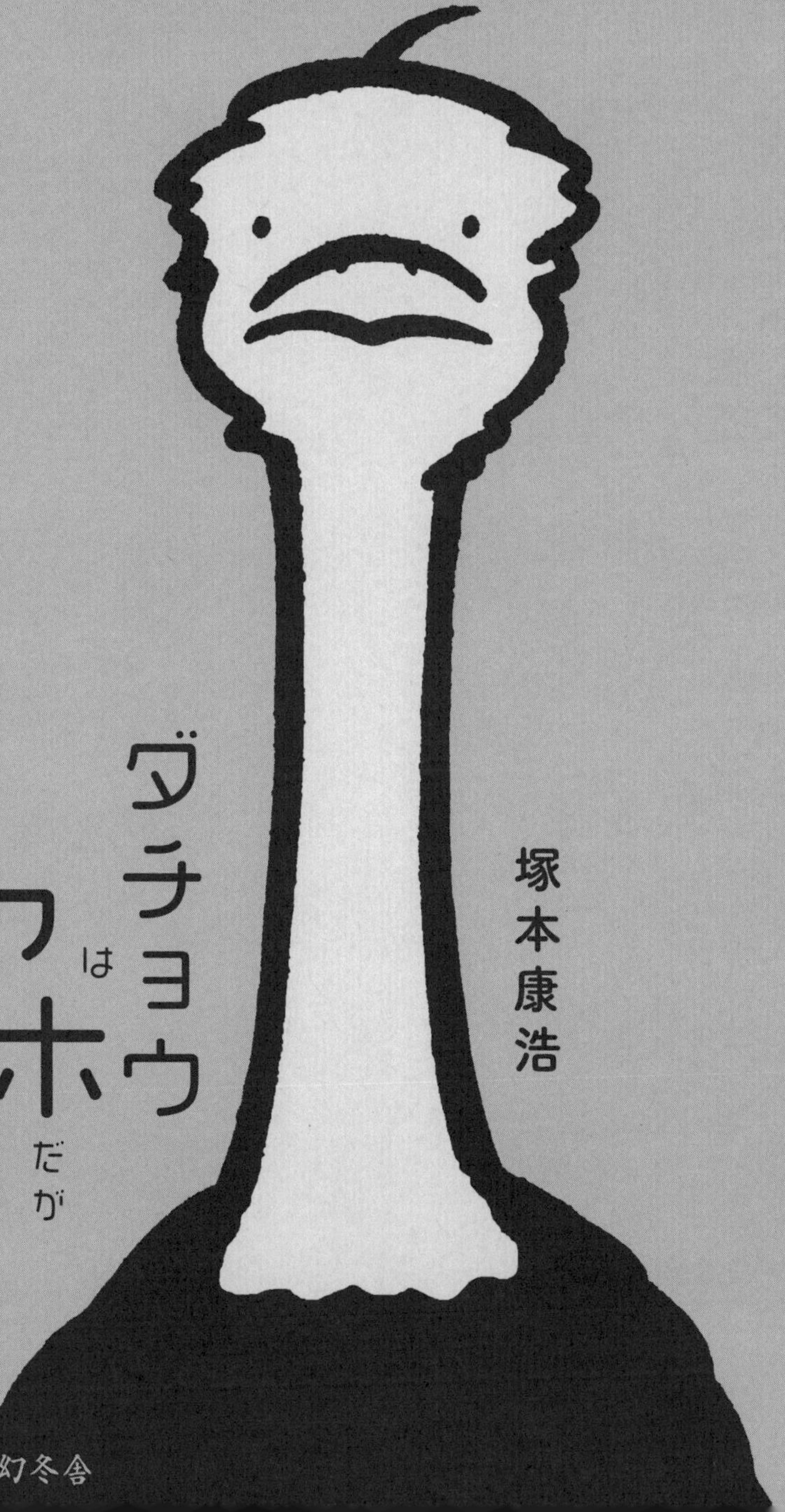

幻冬舎

ダチョウはアホだが役に立つ

塚本康浩

はじめに

　ダチョウとつきあい始めて、気がついたらもう24年目。寝ても覚めてもダチョウのことばかり考えています。おかげでついたあだ名は「ダチョウ博士」——ごっつ光栄です。ダチョウという鳥はびっくりするほどアホです。重傷を負っても気にしないぐらい鈍感だし、自分の家族は一瞬でわからなくなるし、どれだけ世話しても人間の顔を覚えないし……。

　おまけに気が荒くて、何が気に食わんのかようキレる。僕も今までどんだけダチョウに負傷させられたか。将来的にはひざに人工関節を入れなくてはいけないくらいの大ケガもしています。

「それやったら、なんでそんなアホな鳥とずっとつきおうてんねん」とツッコまれそうです。１つには単純にダチョウが好きなんです。

　僕は子どもの頃から、超がつくほどの鳥好きでした。ダチョウは鳥の中では世界一大きく、たぶん世界一アホです。世界一はなんでもカッコええやないですか。

しかしいちばんの理由は、もっと違うところにあります。ダチョウは人間を救う、とんでもないパワーを持ってるんです。

実はダチョウは、めちゃめちゃ僕らの役に立ってくれる。花粉症やアトピーをはじめ、インフルエンザやノロウイルスなど、さまざまな疾患や感染症から人間を守ってくれます。

なんでダチョウにそんなすごいことができるかというと、ダチョウには並外れた免疫力があるからです。メスに無毒化したウイルスを注射すると、ウイルスに対する抗体が体内で猛スピードで作られ、それが卵に送り込まれる。ダチョウの卵は地球上でいちばん大きいです。そのデカい卵にたっぷり抗体が含まれて産み出されるというわけです。

僕は2006年に、ダチョウの卵から抗体を大量生産する方法を確立しました。その後MERS（中東呼吸器症候群）やエボラ出血熱など、危険な感染症が流行るたび、すぐに抗体を作り、世界各国で感染予防に役立ててきました。

その成果が注目され、今ではアメリカ陸軍の感染症医学研究所や、ハーバード大学の医学部や関連病院とも共同研究をしています。

ダチョウパワーをなるべく手軽に、そして多くの人にお届けしたいという思いから、抗体をマスクに処方する方法も開発しました。マスク以外にも、抗体が入ったスプレーや飴など、誰でも手軽に感染症予防に役立てられる製品を開発しています。

2019年に新型コロナウイルス（COVID－19）のパンデミックが始まると、世界に先駆けて新型コロナウイルスの抗体の精製に成功しました。さすがダチョウさん、ようやった！　抗体が入った卵が、なんや光り輝いて見えます。疫病退散の神様としてアマビエが注目されましたが、僕なんかダチョウの絵を神棚に飾ったほうが効くんちゃうかと思ってしまいます。

これをダチョウ抗体マスクに配合し、医療関係者をはじめ多くの方に役立ててもらっています。アメリカでは、まだ承認されていませんがダチョウの卵から精製した抗体が治療薬としても使われています。

そんなこともあって2020年はテレビなどメディアへの露出が続きました。20

20年4月からは京都府立大学の学長にも就任したので、研究、企業との商談、大学の運営、メディア対応……なんやもうわからんぐらいの忙しさです。

それでも取材は可能な限り対応させてもらっています。僕は出演するとどうも〝いじられ〟てしまうことが多いんです。ダチョウを好きすぎるアホなおっさんが珍妙だからか。それともダチョウという間抜けな鳥のキャラクターのせいか――まぁ、どっちもいうことなんでしょうね。

そのことで少しでもダチョウに興味を持ってくれる人が増えて、ダチョウパワーを知ってもらえるなら、多少ツッコまれようが脚が折れようが本望です。

あっ、スンマセン、ちょっぴりウソこいてしまいました。これ以上ケガさせられるんは正直かなわんなと思うてます。

今、多くの人が感染症の不安のなかで暮らしていることでしょう。そんな方々に少しでもダチョウパワーを知ってもらい、日々の暮らしに役立ててもらいたい。

ついでにダチョウのアホッぷりにほんの少しでも笑ってもらえたら、こんなにうれしいことはありません。

ダチョウはアホだが役に立つ　目次

第2章

ダチョウ研究23年、その悲喜こもごも

第3章 ダチョウ抗体が秘める無限の可能性

第4章

鳥少年がダチョウ博士になるまで

第5章 新型コロナウイルスに立ち向かうダチョウパワー

装丁 木庭貴信＋青木春香（オクターヴ）
イラスト ミヤザキ
構成 篠藤ゆり
本文デザイン＋DTP 美創

第1章

ダチョウってどんな鳥？そのすごさとアホさ

ダチョウはアホだ

ダチョウという鳥は、ホンマにアホです。どれくらいアホかというと、自分の家族もわからんのです。

生息地であるアフリカのサバンナや砂漠では、ダチョウは10羽くらいの小さな群れを作って暮らしています。オスはけっこうまめで、繁殖期になると砂地に月のクレーターみたいな巣を作り、卵が孵《かえ》ったらオスとメスが一緒になってヒナを育てます。そこだけ見るとけっこう家族思いです。

ところがちょっとしたきっかけで、家族はお互いのことがわからんようになってしまいます。

たとえばA家のオスが、メスと子どもたちを引き連れて歩いているとします。そこに違う家族の一団、B家がやってくると、場合によってはオスどうしが喧嘩を始め、大騒動になります。

あるいは音に対してけっこう神経質なところはあるので、たまたま大きな音が鳴ったりしただけでもパニックになり、両家入り乱れて大騒ぎ。

◎ダチョウの巣。砂地に月のクレーターのような巣を作る。
（Fred Bruemmer/Stockbyte/Getty Images）

騒動が収まり、「やれやれ」と群れに戻るとき、どういうわけかA家とB家はごちゃまぜになり、違う組み合わせになっていたりします。B家の子どもがA家に混じることもあれば、ときにはメスが入れ替わっていることさえある。それでも誰も、気がつきません。つまりオスは、自分のヨメさんの顔も子どもの顔も覚えてないわけです。

ヨメさんもヨメさんです。ダンナの顔も覚えてなければ、他人の子どもと自分の子どもの区別もつかない。さっきまでは子どもが5羽だったのが7羽に増えても、あるいは3羽に減っても気がつきません。数の概念もないんですね。

かくして家族構成がぐちゃぐちゃになったA家とB家の面々は、あたかも「もとから家族でした」みたいな顔をして、平然と群れとなって歩き始めます。神戸のダチョウ牧場で初めてこの現象を見たときは思わず声が出ました。

「そんなアホな……」

これについてイギリスのある動物行動学者は、オスが自分の一族を増やすためにほかの家族の子どもを混ぜる「家族誘拐本能」だと言っています。でも23年ダチョウを観察し続けた僕の見立てでは、そんな高尚な戦略とは思えません。要するに、単にアホなんですわ。

コロニー（集団）を作るタイプのペンギンの場合、海から戻ってきた親は、陸でぎゅうぎゅう詰めになっている何千羽のヒナのなかから間違いなく自分の子どもを見分けると言われています。同じ鳥類やのに月とスッポンです。

A家とB家のダチョウが出会ったとき、何かの拍子にパニックになると、騒ぎが収まった後、A家とB家のメンバーはごちゃ混ぜになってしまう。一家のメンバーの数が変わっていても誰も気づかない。

常に行き当たりばったり、よく遭難する

ダチョウの行動はとにかく意味不明なんです。たとえば1羽が急に走り出すと、つられてみんなどどーっと走り始めます。別に理由も目的もないし、先頭を走るのがリーダーというわけでもありません。たまたま1羽が気まぐれに走り出すと、みんなアホみたいについていってしまうんですね。

その走りの迫力たるや！　脚の長いダチョウたちが羽を膨らませ、すごい勢いで疾走する様子はなかなか見ものです。ところが勢い余ってカーブを曲がりきれず、フェンスにぶつかるダチョウもいてる。なんやもう、わやくちゃですわ。

先頭のダチョウが行き止まりに突き当たると、後ろのダチョウたちがつかえてきてわらわらと団子状態になってしまいます。仕方ないから最後尾のダチョウが回れ右して後ろに向かって走り出すと、またそのダチョウの後をみんなぞろぞろついていく。なんの脈絡もなく、なんの方針もなく、ただただ右往左往。「烏合《うごう》の衆」とはこのことです。

ときには勢いよく集団で走っていった先が崖の上だったりします。2時間サスペン

スドラマのクライマックスみたいなシチュエーションに、当のダチョウたちがビックリ。

「ええ〜っ、なんでこんなとこにおるんやろう？」みたいな感じで急停止し、恐怖で固まってしまう。これまた止まりきれずそのまま崖から落ちてしまうヤツもいてます。今までそんなふうにして崖上や崖下で遭難したダチョウをどれほど助けたことか。「何考えてるんや」とツッコみたくなりますが、要は何も考えてないんですね。アホの上に「ど」をつけたろか？と思います。

人が乗った違和感もすぐに忘れる

鳥はヒナから育てると人間になつくケースが少なくありません。僕は京都府立大学の下鴨キャンパスで、卵から孵したエミューを3羽飼ってますが、彼女たちは僕の後をトコトコついてきます。

おっさんがデカい鳥を引き連れて歩いてる様子はちょっとした見ものらしく、おかげで僕はキャンパスでけっこう人気者です。「カワイイ〜ッ」という女子大生の声に、まんざらでもない気分になります。僕がカワイイわけやないのは、ようわかってますけど。

エミューさんたちは学生にも慣れて、校舎の間を歩いています。ちゃんと人間の個体識別もしているようです。ときどきサッカーフィールドに乱入して、人間と一緒にサッカーしたりしてますよ。エミューはボールを蹴ることができるんです。いつかゴール決めるんやないかと期待してます。

ところがダチョウは、自分の家族の顔さえ覚えられへんくらいやから、当然、人間の顔も覚えません。毎日お世話しても、毎回「誰やコイツ？」みたいな表情をしています。ツンデレやなく、ツンツンです。

ただ、なかなかなつかないのに、背中には乗せてくれるんです。僕は最近ではあまり乗りませんが、僕の片腕でダチョウの世話をいちばんしている足立和英《かずひで》君は上手に乗っています。

ダチョウは人に乗られると、「あっ、なんかが乗った」と気づき、ちょっと迷惑そうな様子を見せます。ところがすぐに忘れてしまうようで、人を乗せたまま平然と群れに戻っていきます。記憶力がとんでもなく弱い上、状況を理解する能力もあまりないんですね。

おかげでカウボーイのようにカッコよく乗りこなすことも夢じゃないんです。

最大の特徴は鈍感さと、類いまれな回復力

鳥は一般的に清潔好きです。羽は空を飛ぶための大事な道具だからしょっちゅう羽《は》繕《づくろ》いをしてきれいにするし、水浴びや砂浴びなどでメンテナンスを欠かしません。

ダチョウはこの点でも鳥らしからぬ鳥と言えます。羽繕いはほとんどしないし、羽が泥だらけでも気にならないようです。自分のウンコをつけたまま平気で走っているし、どんだけ無精者なのか。空を飛ばないせいで羽にそれほど神経質にならないのかもしれませんが、この鈍感さはダチョウの大きな特徴です。

ダチョウは2羽以上で飼うと、ときどき仲間どうしで羽をむしり合ったり、お尻をつつき合ったりします。ダチョウの毛根は人間の小指の先くらいの太さがあるので、そうやって羽をむしられると穴があいて血が出ます。

鳥はケガに弱く、ちょっとのケガで死んでしまいます。セキセイインコなんて数滴血が出ただけでも貧血になって、命の危険に瀕してしまうほどです。ところがダチョウは血が出るくらいどうってことないようです。痛みに対してケタ違いに鈍感なんで

すわ。

「三歩歩けば忘れる」とかいって、ニワトリはアホの代表みたいに言われています。

確かにニワトリも大概アホやけど、ああ見えて意外に繊細で、注射をすると卵を産まなくなることが多いんです。注射されて痛いのと、とっ捕まえられたことのストレスでしょうね。違う鶏舎に移しただけでも卵を産まなくなったりします。

そこへいくとダチョウは注射をしても何も感じないようで、おかげで抗体を作る上でごっつ助かってます。

仲間内でつつき合うのは、縄張り争いか？　はたまた集団内の順位を巡る争い？観察していると、どうやらそういう意味がある行動ではないようです。単にヒマやからだと思います。「ほかにすることもないし、ちょっとアイツをイジメたろか」といったとこでしょう。

そのうち血のにおいを嗅ぎつけてカラスがやってきます。ダチョウの背中に舞い降りて、図々しく肉をついばみ始めても、ダチョウは知らん顔。尻の肉がえぐれ、かなり出血しても平然とエサのもやしを食べ続けます。

いくら痛みに鈍感やとしても、自分の身ィが食われてんのにもやしを食うとるなんて！

「自分のそのデカい目ェは節穴か！　カラスを追っ払わんかいッ」

そうひとこと忠告したくなります。

でも、驚くのはここからです。

ぼこっと体に穴があいて骨まで見えるひどい重傷を負っても、ダチョウは死なへんのです。傷に薬をスプレーしておけば数日で傷がふさがり、1ヶ月もすれば皮膚が再生されて元どおりになります。これほどの回復力のある生き物は、そうはいません。

なんでこんなに早く傷が回復するんやろう。不思議に思ってダチョウの傷口の組織をホルマリン漬けにして大学に持ち帰り、顕微鏡で覗いたところ、ダチョウの細胞はほかの動物の細胞よりはるかに速く動くことがわかりました。

ケガをすると、傷口をふさごうとして細胞が傷口のまわりで動き始めます。ダチョウの場合、その動きがごっつ速いわけです。だから大ケガをしても、カラスに尻の肉を食われても、驚異的な速度で回復するんですね。

傷口から感染症にかかることもないのは、免疫力が並外れて高いからでしょう。それだけ抗体を作る能力が高いとも言えます。

　ダチョウがとてつもない生命力と免疫力の持ち主であることは間違いありません。

鈍感さがウリのダチョウが苦手なもの

　鈍感力の高いダチョウにも、ちょっとは繊細な面があるんです。鳥は水浴びが好きです。ダチョウも例外ではなく、雨上がりに水たまりができるとバシャバシャ入っていき、気持ちよさそうに水浴びします。

　ところが水が濁っていたりすると「なんや、このきったない水。胸くそ悪いわ」という感じで立ち止まり、水たまりをよけて去ってしまうんです。ダチョウさん、アンタよう体にウンコついたままにしとるやないか……。

　それから、普段はなんでもパクパク食べるのに、あるときエサをまったく食べなかったのでどうしたんかと思ったら、エサ入れに1匹ゴキブリが入ってたことがありました。そんなデリケートな一面もあるんですね。

　自分より大きいものに対してもストレスを感じるようです。ダチョウ舎のそばに小型クレーン車があったりすると、みんなピリピリした雰囲気になります。

大きい音とか、暗闇で何か音がするのもストレスがかかるみたいです。人間だって、暗いところを歩いてていきなりガサガサッと音がしたらこわいやないですか。それと同じなんでしょうね。

僕の研究室がある精華キャンパスは京都府の南端の里山近くで、最近イノシシがよく出るんです。朝、ダチョウがいる場所に行くと、柵の下に掘られた形跡があり、ダチョウエリアの草がほじくり返されています。暗闇のなか、イノシシが侵入したとき、ダチョウはどんな反応をしているのか。カメラを設置して検証してみるつもりです。

二足歩行では地球最速の生物

そんなダチョウですが、身体能力に関しては抜きんでています。

体重はメスが１２０キロ、オスは１６０キロぐらいで、身長は２メートル50センチくらい。大きい個体だと体重２００キロ、身長３メートルを超えることもあるんです。鳥類でいちばん背が高く、体重もナンバー１です。

生息地のアフリカのサバンナでも、これだけ背が高ければ視界が草に邪魔されないし、相当遠くまで見渡せるでしょう。サバンナの動物ではキリンの身長が４〜６メートル、象は3メートル前後。さすがにキリンよりは背が低いですけどダチョウも相当なもんですね。

走る速さは時速60キロ、二足歩行の生物では地球最速です。しかもその速度で30分間走ることができるんです。

ただ、以前テレビの取材でうちのダチョウの走る速度を測ったところ、時速40キロくらいでした。やっぱり野生下でなければ時速60キロは難しいのかもしれません。

ちなみに地球上でダチョウの次、2番目に速い二足歩行の生き物は人類で、陸上選手のウサイン・ボルトです。ボルト選手が9秒58の記録を出したとき、最大秒速は瞬間的に12・5メートルくらい出ていたので、時速に換算すると45キロ。なんとうちのダチョウより速い！　ただ、さすがのボルト選手もその速さで30分間走り続けるのは不可能です。

4本足の動物だったらダチョウより速いものもいます。たとえばチーターは最高時速100キロを超えると言われています。とはいえトップスピードで走れるのはせいぜい数分。速く、しかも長く走れるという点で、ダチョウは金メダル級です。

だからアフリカのサバンナで暮らしていても、ヒナは別として、たいていの肉食動物から逃げ切ることができるわけです。

ダチョウは何を食べているか

普通、瞬発力と持久力は共存しにくいはずなのに、ダチョウはそれをやってのけます。筋肉が特殊なんですわ。肺から全身に酸素を運ぶ、血液中のヘモグロビンの量が多いんです。ヘモグロビンは赤い色素なので、ダチョウの筋肉は黒に近い紫色をしています。速く、長く走れる馬の筋肉もやっぱり濃い色をしていますよね。

そんなすばらしい筋肉を作るために何を食べてるかと言えば、たいしたもんは食べてません。野生のダチョウはほぼ草食ですけど、ヘビの死骸や昆虫なんかも食べているようです。あとは土を食べたりしてミネラル類を補給しているんでしょう。

抗体を作ってくれている神戸のダチョウ牧場のダチョウは、ほぼもやししか食べていないのに少なくとも時速40キロでは走れるし、キック力もすごいもんです。もやしは1羽につき1日4キロぐらい食べます。スーパーで売っているもやし1袋を200グラムとすると、20袋分ぐらいですね。

食べたものをほとんど吸収し、体に必要なものに変えるという点でも、ダチョウはすばらしい。もやしを1日4キロ食べても、出てくるウンチはたった200グラム程度です。ほとんど消化吸収されているわけです。それだけええ腸内細菌をいっぱい住まわせてる、ということでしょう。

キック力を甘く見ると大人でも泣くハメに

ダチョウの足を初めて見た人は、そのたくましさというか、ゴツさにびっくりします。足の表面にあるウロコ状の皮膚や巨大な爪を見て「恐竜の足みたい」と言う人もいます。

恐竜みたいという直感はあながち間違ってないんです。鳥は恐竜から進化したと言われていますから。

そんな足でキックされたら……ひとたまりもありません。なんとひと蹴り4トンの力があるんです。カンガルーのキック力もすごいと言われてますが、ダチョウはその比ではないでしょう。いやぁ、つくづくダチョウには蹴られたくないもんですねぇ……と言いたいところですけど、実は蹴られたこと、あるんです。その話は後ほどました——。

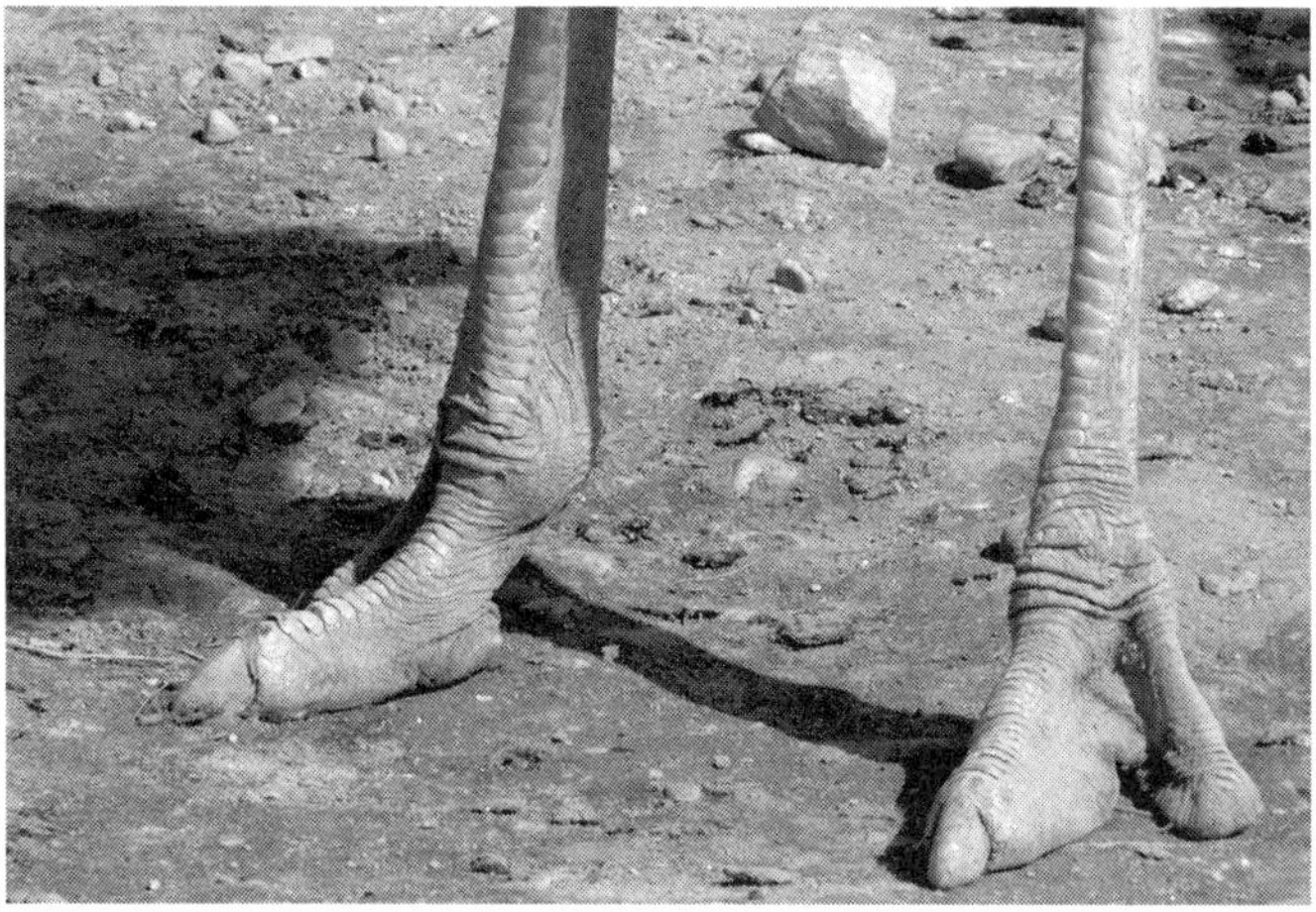

◎ダチョウの足。皮膚がウロコ状。

ジャンプ力も半端ではありません。高さ0・9メートル、直径0・6メートルの通常サイズのドラム缶を立てて囲って飼ったことがあるんですけど、ちょっと助走をつければ軽々と飛び越えてしまうんですわ。1・5メートルくらいの柵も飛び越えられます。

ダチョウはジャンプでも金メダル級。短距離走、長距離走、走り高跳び、足蹴り、どれをとってもまさに王者です。

ある雑誌の取材チームがダチョウの撮影に来たときのことです。事前にダチョウについていろいろ説明しましたし、もちろんみなさん、ダチョウのキック力なんかについてはしっかり勉強済みでした。

「撮影に時間がかかりそうなので、あとは自分たちでやります」

取材スタッフのみなさんがそう言わはるので、僕はしばらく現場を離れてましたが、3時間経っても戻ってこないんです。さすがに心配になって見に行ったら、なんとカメラマンのおっさん、眼鏡をバリバリに割られ、歯が欠け、鼻血がぶわ〜ッ。で、地面にしゃがんで泣いとるやないですか！　どうやら柵越しにダチョウから攻撃されたようです。

ダチョウは機嫌が悪かったり、何かのはずみでスイッチが入ったりすると、突然攻撃的になります。そうなるともう手がつけられへん。半グレの兄ちゃんみたいなもんです。とにかく、何が原因でキレるのかがわからんから始末に困ります。

しかも半グレの兄ちゃんだったら目つきがこわかったりするので、こっちも警戒してすーっとよけたりします。ところがダチョウときたら、愛らしい目をしとるもんやから、よもや次の瞬間に蹴りを入れてくるとは予測もつきません。ダチョウをナメたらアカンのです。

脳より目のほうが大きい

「うわぁ、目が大きいですねぇ」

「すごく神秘的な瞳！」

ダチョウの顔を見た人は、よくそんな感想を言います。確かに目は大きい。なんせ眼球の直径は5センチくらい、重さも約60グラムあるんです。さすがにシロナガスクジラやダイオウイカにはかなわないけれど、陸上に住む生物では最大の目です。

当然視力もよく、10キロくらい先まで見えるようです。なんと40メートル先で動くアリまで識別できるとも言われています。

おまけに砂漠の生き物なので砂除けのためのまつ毛がごっつ長く、目がつやつやと輝き、目元が本当に愛らしい。

どこを見てるのかがよくわからないので、なんとなく神秘的に見えます。どんなに人間の女子がカラーコンタクトやつけまつ毛で目をパッチリ見せようとしても、ダチョウさんにはかないません。

ところが脳は目玉より小さく、せいぜい40グラムほどしかありません。しかも脳に

◎愛らしいダチョウの目。

はシワがほとんどなく、ほぼツルツルです。ダチョウがアホなのも無理からぬことですわ。

パッチリした大きな目で何を見ているかというと——自分の影を見てビックリ、逃げても逃げても追いかけてくるもんやからプチパニックになったり。まぁ人間でも、幼児の頃にはそんな行動をとったりしますね。

逆に自分の影をずーっと追いかけ回すこともあります。背が高い分、影も大きいから「なんやコイツ。寄るなッ！　あっち行け！」と腹が立つんでしょうか。

走ってて木にぶつかるダチョウもいてます。めちゃくちゃ視力がええはずやのに、なんでそんなことになるのか？　わけがわかりません。

偶然気づいたダチョウの新たな魅力

10年ぐらい前、ダチョウを移動させようと格闘しているとき、一瞬、なにか甘いものが口の中に入ってきた気がしました。

「あれっ、うまいわ！　これなんやろ？」と思いましたが、気のせいかと思い、そのまま忘れていました。

ところが5年ほど前、また同じことが起こり、「あれっ、待てよ」と思いました。ダチョウと戯《たわむ》れてる最中のことやから、どう考えてもダチョウのどこかから甘いもんが出てるんちゃうか。それならその元を突き止めたいと、俄然、研究者魂に火がついたわけです。

そこで、死んだダチョウを解剖したとき、まずダチョウの口の中を舐めてみました。でも甘くはありません。次に肺のつけ根を舐めてもぜんぜん違う。くさいだけやったんです。

いったいどこからあの味が出とるんやろう。

よく考えると、ダチョウが崖から落ちて死んでしまい、見に行ったら目玉がなかったことがありました。たぶんカラスかキツネかネズミがあっという間に食うてしもうた、ということです。そのとき「目玉はうまいんかな」と思った覚えがありました。

さらに記憶をたどってみると、カブトムシがダチョウの目ン玉に止まってたこともありました。

「どういうことや。ひょっとしてカブトムシはダチョウの涙が好きなんか」

そのとき一瞬そう思ったんです。

それでダチョウの目玉をペロッと舐めてみたら、甘くてごっつうまい！「おぉ、これやったか」と感激しました。

いろいろ試した結果、発情しているオスの涙がいちばん甘いことがわかりました。なぜ発情期にとくに涙が甘くなるのか、どんな理由があるのかは、まだわかりません。

絶品の目ン玉を舐めてみてほしい

オスはもともと狂暴だし、発情しているときは普段より気がたっているので、発情中のオスの涙を手に入れるのは大変です。それに動物愛護の精神は持ち合わせてますから、タダで涙をいただくのは申し訳ないとも思っています。そこで目の洗浄のため生理食塩水で洗ってあげ、そのときに落ちるゼリー状の涙をありがたくいただくことにしています。

以前、ダウンタウンさんが司会をやってる番組に出させてもらったとき、ダチョウの涙を持っていきました。

ダウンタウンのお2人には、やっぱり新鮮で最高においしいのを舐めさせてあげたいやないですか。なので収録の日の早朝に、京都の自宅から神戸の牧場に車を走らせ、6羽のダチョウさんからせっせと涙を採りました。その「朝採れ涙」を大事に持ってまた京都に戻り、そこから新幹線で東京に向かいました。

大変でしたがダウンタウンのお2人に喜んでもらえたし、収録後には「舐めたい」というスタッフの方がたくさんいて、持っていった分はきれいになくなってしまったんです。それぐらいおいしいんですね。

涙の成分を分析すると、ムコ多糖が非常に多いことがわかりました。〝ムコ〟の語源はラテン語の「MUCUS」で、粘液を意味しています。魚の煮こごりやツバメの巣なんかにも含まれています。今注目されているコンドロイチンもムコ多糖の一種です。

そこで、僕は考えました。甘くておいしいし、成分も優れてるので、ダチョウの涙から何か食品を作れへんやろか。

まず涙入りの飴ちゃんを試作。これはなかなかの味に仕上がりました。2021年5月頃に販売開始の予定ですから楽しみにしていてください。この先、なんとかダチョウの涙から調味料を作りたいもんやと考えています。

でもやっぱり、直接目ン玉を舐めるのがいちばんおいしいんです。食品にするためには滅菌処理をするので、あのなんとも言えない、うっとりするような甘みが薄れてしまうんですね。やっぱり生に勝るもんはありません。でもまぁ、ダチョウの目ン玉を舐めてみたいという人はあんまりおらへんでしょうね。

ダチョウの卵は凶器になる

ダチョウの卵はとにかくデカく、重さは小さいもので1・5キロ、大きいと軽く2キロを超えます。ニワトリの卵のざっと30倍くらいですね。

◎巨大で頑丈なダチョウの卵。

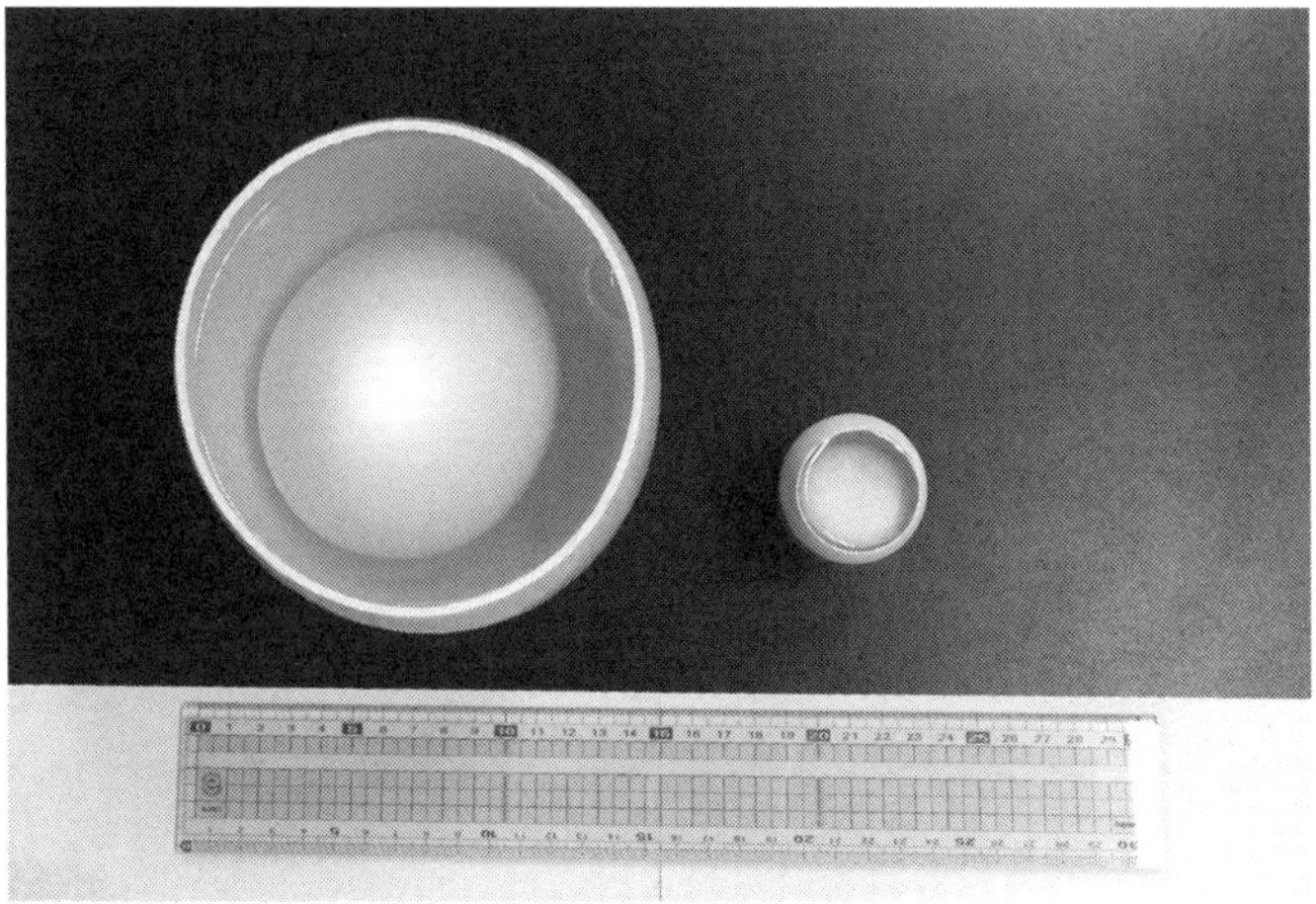

◎ニワトリの卵（右）と比べるとダチョウの卵のケタ違いの大きさがよくわかる。

殻の厚さは3～4ミリ。ちょっと叩いたくらいでは割れへんのです。以前、テレビの企画で体重88キロのおばちゃんに乗ってもらいましたけど、つぶれませんでしたわ。

とにかく硬くて頑丈ですから、ヘタしたら凶器になりかねません。実際にニュージーランドでは夫婦ゲンカの末ダンナが奥さんにダチョウの卵を投げつけた「ダチョウ殺人未遂事件」がありました。奥さんは胸を打撲し、夫は暴行罪で懲役6ヶ月の刑になったといいます。

ケンカの原因は、奥さんが豚を放し飼いにしていたことだそうです。どっちも

ダチョウの卵ができるまで

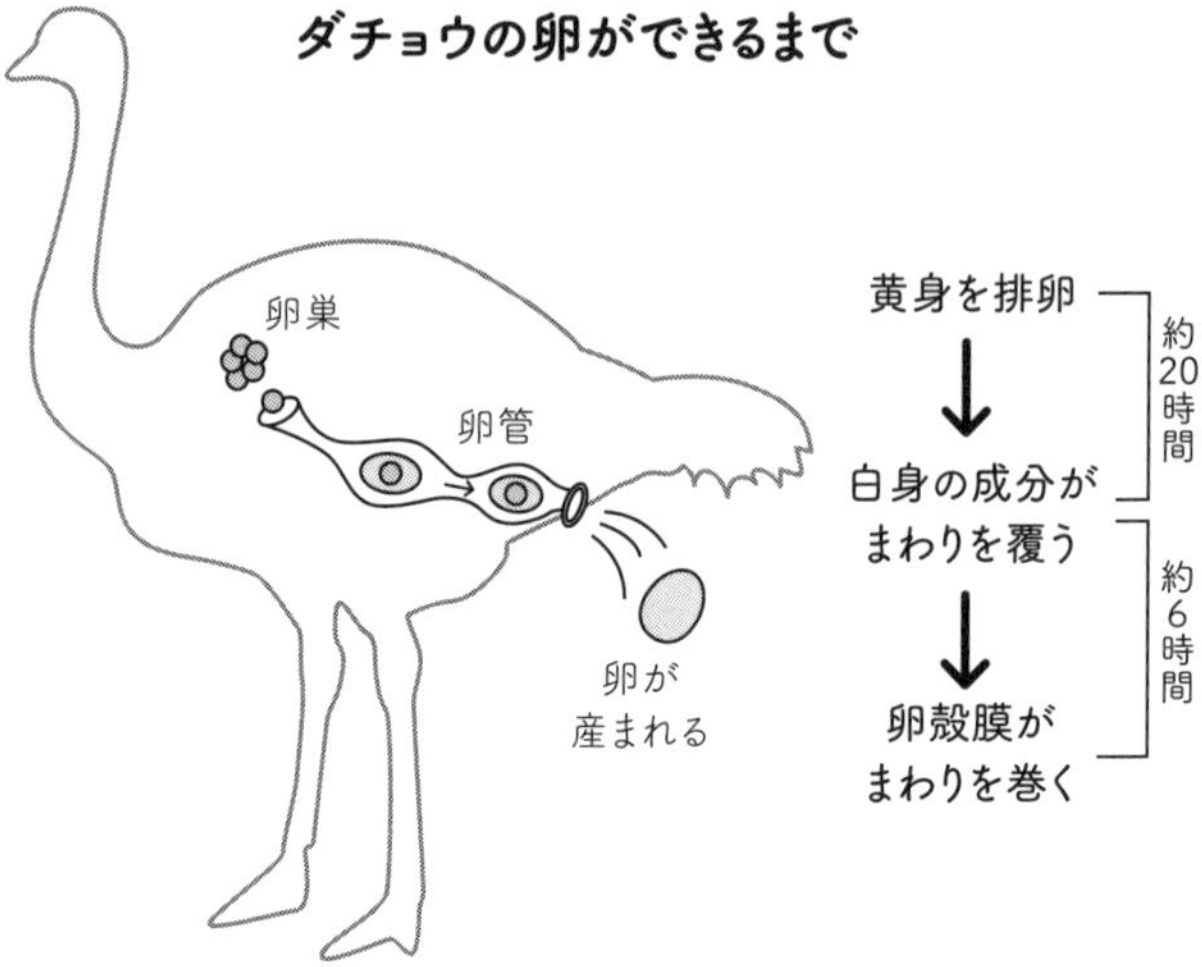

どっちの夫婦なのかもわかりません。

そんな巨大かつ頑丈な卵を、健康なメスは毎日のように産むわけです。日本の気候だと冬は産まないので、春から秋にかけての半年で、100個は軽く産みます。卵巣に黄身が排卵され、卵管に入ると白身の成分がわーっとまわりを覆い、卵殻膜がさらにまわりを巻き、たったの数時間であの強固な殻ができるんです。つくづくすごい生き物やと思います。

鳴かない鳥の奇妙な求愛ダンス

ダチョウはヒトとダチョウの区別もあいまいなのか、ときどきオスが人間に求愛することがあります。僕も何度か求愛されましたが、相手もおっさんなんでね。勘弁してほしいもんです。

どういうわけか足立君はダチョウから頻繁に求愛されます。もしかしたらダチョウは足立君を仲間だと思ってるのかもしれません。

鳥が求愛行動をする際は、美しい声で鳴いたり、ダンスをしたりします。なかには立派な住居を作り、「どうや。アンタ好みのごっつええ家、用意したったで」と自慢げにメスに披露する鳥もいてます。

ダチョウは鳴かない鳥なので、歌でメスを誘うことはできません。住居も砂をちょっと掃《は》いた程度の、どうってことない代物です。メスへの情熱は、もっぱらダンスでアピールします。

春に繁殖期が始まると、ダチョウのオスはくちばしが真っ赤になります。そしてメスの前で座り、羽を大きく広げてゆらゆら振りながら首をくねくねさせて踊るんです。ダチョウには悪いですけど、これが気色悪いのなんのって――。見ててあまり気持ちのええもんではありません。

「このあんちゃん、ええ男やん」。メスはそう見定めると、オスより低い姿勢ではいつくばり、ろくろ首のようにぬーっと首を伸ばして、くちばしをパクパクさせます。これも、なかなか気持ち悪い動きです。

ダチョウの寿命60年は本当か

ダチョウの寿命は60年くらいと言われています。オウムの仲間には80年くらい生きるのもいますが、長生きするとされているフクロウやタカで30年、スズメは野生下ではせいぜい2~3年しか生きられません。ただしスズメも家で飼えば、10年くらい生きることもあります。いずれにせよ60年というのは、やはり鳥としては相当長寿です。それだけ老化がゆっくりだということでしょう。

でも60年生きることを「誰が見たんや」という話です。動物園で飼われているダチョウは早死にすることが多いし、一般のダチョウ牧場で飼育されているダチョウは早々に肉として出荷されていきます。

寿命が60年とは生息地のアフリカの本に書いてあるんですけど、アフリカではそもそも人間の寿命が60年に満たないことが多いんですね。だから誰かが60年間観察し続けたわけではないようです。

僕が神戸のダチョウ牧場に行ったのは23年くらい前で、そのとき15歳だという個体がいてました。つまりその個体は今38年くらい生きていることになります。その子がはたして何歳まで生きるか。今後、世界で初めて60歳くらいのダチョウを見られる可能性は十分あります。

恐竜からあまり進化していない面白さ

哺乳類や鳥類は、生物の進化の過程で爬虫類《はちゅうるい》から分かれていったとされています。なかでも鳥類は、恐竜から進化した説が最近では一般的です。

ダチョウは、恐竜が鳥類に進化していった直後くらいに枝分かれして地球上に登場し、そこで進化が止まっているんです。言ってみれば、出世街道から外れた鳥というわけです。

鳥は2本脚の生物で、手のかわりに羽があります。ところがダチョウは、羽をペロッとめくると指があり、指先には爪まで残っているんです。たまに走っているダチョウの羽が僕の体にパシッと当たることがありますが、そんなときこの指が動いたりもします。

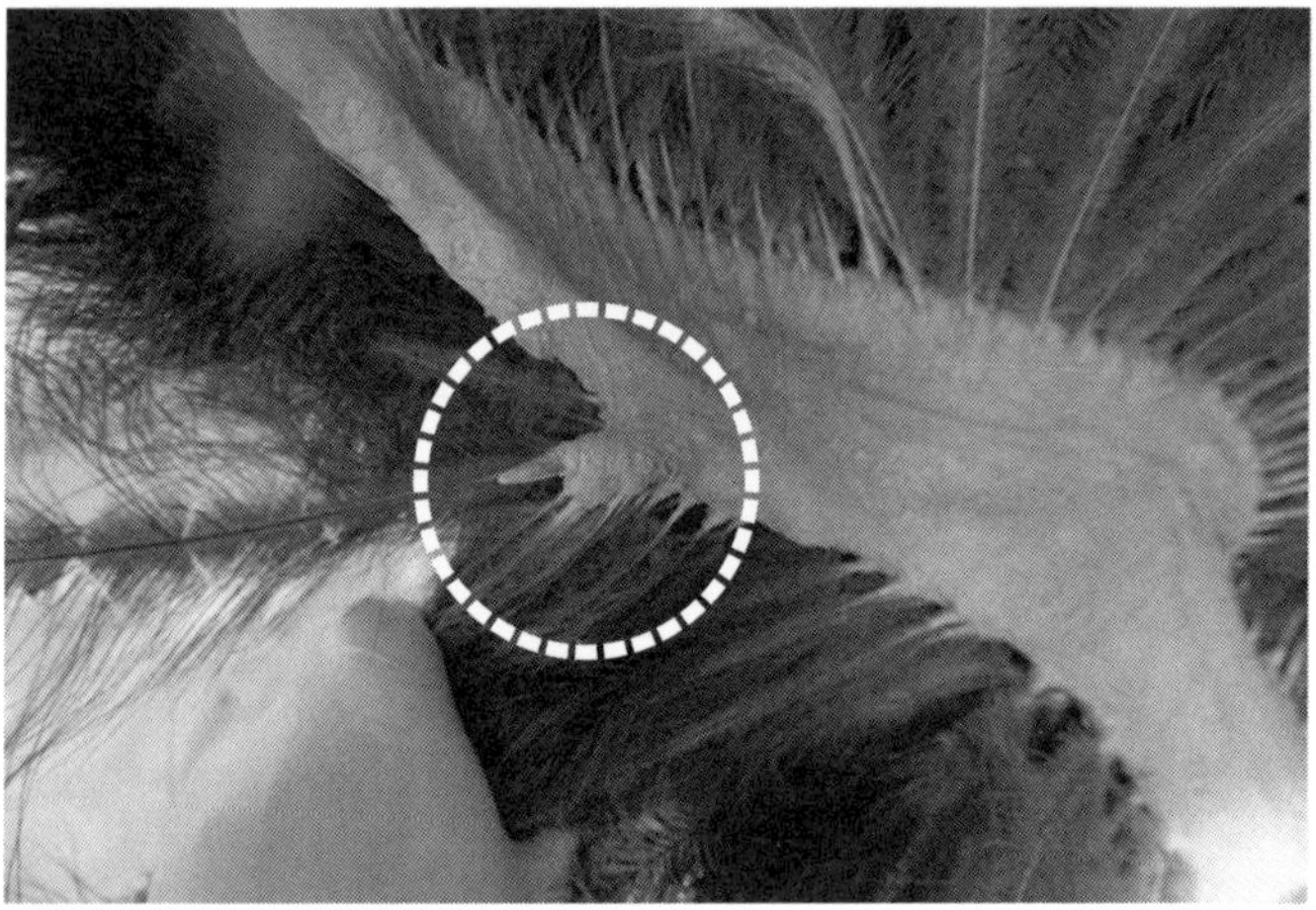
◎ダチョウの羽の下にある指。

指の痕跡らしきものが何かの役に立っているかと言えば、そういうわけでもなさそうです。原始的なものがそのまま残っている、ということでしょう。

臓器の組織を調べても、ほかの鳥類とは違います。たとえば腎臓。鳥類や哺乳類は、腎臓内にあるネフロンという管状の組織で尿が作られます。ところがダチョウの腎臓は、鳥類型と爬虫類型の混合形です。つまり、まだ鳥になりきれていない感じです。

ちなみに舌は退化していて、ほとんどないです。正確には、舌が進化していないと言ったほうがいいかもしれません。

鳥の祖先とされる恐竜には舌骨《ぜっこつ》がありますが、その形状から考えて、舌を自由自在に動かしていたわけではないようです。鳥に進化する過程で舌も進化し、エサを効率的に食べられるようになったんでしょう。何を食べるかによって、より食べやすいように進化していったので、鳥の種類ごとに舌の形状は違います。

ところがダチョウはあんまり進化が進んでませんから、舌骨はあっても舌がほとんどありません。個体差があって、舌らしきものがちょこっとあるダチョウもいてますけど、それほど役に立っている様子はないですね。じゃあどうやって食べ物を食べているかというと、丸飲みです。

まずガガガガッとエサをつついて口の中に溜めます。不器用なので、つつきながらかなり口からこぼしてしまいます。ようやくある程度口に溜まると、上を向いて、重力の力で一気に食道へと落としていきます。

食べ物が通過するときに首がゴボッとふくらむんです。ふくらみはS字を描きながら徐々に下降していきます。この光景を気色悪いという人もいてますが、僕は面白いんで、じいっと見てしまうことがあります。

そんな雑な食事の仕方だから、石を飲み込んでしまったり、ときには針金などの異物を飲み込んでしまうこともあります。ヘンなものを飲み込むと、さすがのダチョウも食欲が落ちます。食べなくなると弱ってしまうので、消化管を動かす薬を投与すると、たいてい糞と一緒に石が出てきます。針金の場合は手術して取ってやるしかありません。

なまけものの進化論

恐竜の中には翼竜《よくりゅう》と呼ばれる、空を飛ぶタイプのものがいます。身長2メートル半もあるダチョウの姿と、あのゴツイ足を見ていると、確かに恐竜に似てるんちゃうかと感じます。でも、それならなんで翼竜のように飛べへんのか。

というか、一応は鳥なんだから、飛べるのがふつうでしょう。それやのになぜダチョウは飛べへんのか。素朴な疑問が湧いてきます。

現在、飛べない鳥は40種ほどいます。ダチョウやエミュー、ヒクイドリ、キーウィ、ペンギンの仲間、クイナの仲間などが飛べない鳥の代表格です。ダチョウは俊足、ペンギンは泳ぐ能力、ヒクイドリは攻撃力で、飛翔力がないことをカバーしています。

残念ながら、飛べないために絶滅してしまった鳥もいます。有名なのがドードーです。大航海時代にポルトガル人がモーリシャス沖の島で発見して以来、船員たちの食糧にされたり、人間が持ち込んだ犬や豚によってヒナや卵が食べられたりして、ドードーは地球上から姿を消しました。飛べないし逃げ足も遅かったため、簡単に捕まえられてしまったんですね。そもそもトロそうな名前をつけられたんが運の尽きやったかもわかりません。

実はダチョウの体を詳細に調べると、羽の大きさや筋肉の形状から、かつては飛んでいたと推測できるんです。だったらなぜあんなに、飛べないほどデカくなる方向に進化したんでしょう。おそらくこんな流れだと思います。

鳥はかなり神経質に水浴びやら砂浴び、羽繕いをして、体をきれいにしてから眠りにつきます。そうしないと飛べなくなるからですね。でもなかには「羽のメンテナンスなんてジャマくさいこと、やってられるかいな」と、なまけるヤツが出てきたんでしょう。するともちろん飛べなくなってしまいます。

そんなヤツでもたまたま足が速かったりすると生き残れるので、「飛べんでも、まあええか」ということになってくる。そのかわり、足はなるべく速くないとアカンですし、敵の姿をいち早くキャッチするために首も長くせなアカン……ということで、体がどんどんデカくなったんちゃうか――。

以上は僕の勝手な推論ですが、あながち間違っていないのでは、と思います。僕はこれを「なまけものの進化論」と呼んでます。

なまけることが必ずしもダメなわけではない。なまけたからこそ独特の進化を遂げることもあるわけです。

もしかしたら「飛ぶ」という、莫大なエネルギーを消費する行為を手放したことで、老化もゆっくりになり、より長生きできるようになったのではないか。まぁ、ダチョウが環境に順応できたのはたまたまかもしれませんけど、何もかしこい生き物だけが生き残るわけではないんですね。

かつては敏感で清潔好きでかしこいダチョウというのもいたかもしれません。しかし生き物というのはかしこすぎると、群れを作ったり、社会を作ったりと、いらんことをするようになるもんなんです。すると群れどうしの抗争が起き、滅びてしまった可能性もあります。

人間みたいになまじ脳が発達すると、明日のことを憂うようになり、何かと不安で仕方がない。それはそれで、けっこうしんどい気がします。

結局、生物は適度にアホなほうがええのかもしれません。僕自身の人生を考えても、ええ具合にアホやったからこそ今がある気がします。

コラム

塚本学長の鳥まみれ日記 ❶

マンションでエミューを飼う

今、大学でエミューを飼《こ》うてます。ダチョウの卵の優位性をデータで示すために、同じように大きな卵を産むエミューを飼う必要があると思ったのがきっかけでした。エミューは成鳥になると身長1メートル80センチくらいです。ダチョウほどではありませんが、けっこうでかい鳥です。

エミューが生まれたのは2019年の5月でした。ゴールデンウィーク中に生まれそうだったんで、エミューの卵を孵卵器《ふらんき》ごと、鳥用マンションに持ち帰りました。鳥用にマンションをひと部屋、借りてるんですわ。

そして無事エミューのヒナが誕生しました。僕はそのとき外で打ち合わせの最中やったんで、誕生の瞬間に立ち会ったのは娘です。

「パパ、生まれたで!」

娘の声はめっちゃ弾んでいました。電話をもらってすぐに駆けつけられない状態がもどかしかったですね。

生まれた3羽のエミューさんは、しばらくマンションのベランダで飼ってました。気づいたら両隣が2軒引っ越していかはりました。なにやら異臭を嗅いだんでしょうね。申し訳ないことです。

エミューの孵化《ふか》の瞬間に立ち会ってくれた娘は、解剖の腕もなかなかです。僕は小学校低学年の頃から動物の解剖をやってましたが、うちの娘には4歳のときからやらせてるのですでに達人の粋です。主に鳥ですが、最近はイノシシもうまいこと解剖してます。

神戸のダチョウ牧場でよくイノシシが出るので、罠を仕掛けて、かかるとみんなで食べてました。そのときに娘に解剖の仕方を見せていたのをいつの間にか覚えてしまったようです。

いやはや、先行きが楽しみというか、末恐ろしいというか——。

第2章

ダチョウ研究23年、その悲喜こもごも

泡と消えたダチョウブーム

1990年代、日本でちょっとしたダチョウブームがあったのを知っていますか。ダチョウの肉は低脂肪・低コレステロールで健康にいい。飼うのにエサ代もさほどかからないらしい――。

さらに2000年頃、世界的なBSE（牛海綿状脳症）の流行で第2次ダチョウブームが到来します。

「牛肉にとって代わるんはダチョウ肉ちゃうか」

「これからはダチョウの時代や！　ダチョウを飼えば儲かるでぇ」

こうしてあちこちでダチョウ牧場が作られ、一攫千金《いっかく》を夢見てダチョウを育てることがトレンドになったわけです。南アフリカから世界中にダチョウが輸出されました。日本にもどうやら口のうまい輸入仲介業者がいたようですわ。

「地べたにトントンと杭打って柵作って、あとは草を食べさせておくだけでええんです。儲かりまっせぇ」

とかなんとか煽《あお》ったんでしょう。2羽飼えば卵を産んでどんどん増えて、儲けはすぐにサラリーマンの平均年収を超える、などと吹き込んでくる人もいたらしい。そんなうまい話は疑わなあかん。

実際に飼い出したら、孵化させるのが難しかったり、ダチョウの狂暴さに手を焼いたりで、経営的になかなかうまくいかない。おまけに肝心のダチョウ肉は期待に反して普及しなかったため、儲かるどころかダチョウはやっかいなお荷物になってしまったわけです。やむなくダチョウの飼育から撤退する人は後を絶ちませんでした。

「このまま飼い続けても儲かりそうもないなぁ。そろそろやめどきや、思うねん」

「そやけど、ここでやめたら大損やないか」

神戸市郊外でそんなやりとりをしている2人のじいちゃんがいました。別にその場で聞いてたわけではないんですけど、想像するにたぶんそんな感じやったと思います。

会話の主は、食品製造販売会社を経営している小西逸郎さんと、土建業を営んでいる田中優さん。この2人との出会いが僕の人生を大きく変えることになるんです。

世界一でかい鳥を飼ってみたい

大阪府立大学の獣医学科でニワトリの病理学を学んだ僕は、大学院に進み、ニワトリの砂肝に含まれている特殊なたんぱく質「ギセリン」について研究を始めました。その物質ががん細胞の転移に関係することをつきとめ、1998年に「鳥類の発生・再生・腫瘍におけるギセリンの関与」という論文を発表し、獣医学の博士号を取得。がんの治療薬などの開発にもつながる有望な研究だったので、これはこれで今も学生と一緒に進めています。

大学院を修了した後は同じ大学の助手という教員の職を得ました。これまで自分でやっていた実験は指導する学生さんがやってくれるので、僕はヒマになったわけです。なんか新しい研究せなあかんなぁ。そうなると、子どもの頃から鳥が好きで好きでしょうがなかった僕は、生きている鳥とお近づきになれる研究をしたくなりました。正直言うと他人が飼っていない鳥を飼いたくなったんですわ。研究という大義名分があれば、珍しい鳥が飼えるんちゃうか。そんな下心マンマンでした。

どうせ飼うなら世界一でかいダチョウがええ。おっさんというのはでかいもんに惹かれるアホなとこがあるんです。大阪の仁徳天皇陵だってあんなでかい墓、造る必要ないじゃないですか。なのに人より大きいものがほしくなってしまう。おっさんの悲しい性《さが》ですわ。

そんなとき、先輩が「ダチョウならオモロイとこあるよ」と紹介してくれたのが、じいちゃん2人の神戸のダチョウ牧場だったのです。

野心家じいちゃん連合との出会い

ダチョウ牧場「オーストリッチ神戸」は広さ約1万坪。サッカーフィールド4つ分ぐらいあります。初めて行ったときは、丘陵地にダチョウが放し飼いにされている光景に度肝を抜かれました。

オーナーの小西さんはなんともダイナミックでおおらかなじいちゃんです。

「ダチョウの研究をしたいんで、ときどきここに来てもかまいませんか？」

そう申し出ると、ニコニコ笑って、

「好きにしてええよ」

と快く受け入れてくれました。

小西さんはもやしや豆類などを作る会社を創業し、息子さんに社長を譲って会長職についていました。もやしの製造過程で出荷に適さないものが出ると、それらは産業廃棄物になるそうです。その処分に年間で2億円くらいかかるといいます。

実はダチョウはマメ科の植物が好きなんです。それを知った小西さんは「そや、ダチョウを飼《こ》うたろ」と思いつきます。出荷できないもやしを食べさせ、最終的に肉として売り出せるなら、鳥だけに一石二鳥ちゃうかというわけです。そこで相談したのが友人の田中さんでした。

田中さんは田中さんで、将来この近辺に地下鉄が通るらしいという噂を信じて、「今のうちに土地を買っとけば大儲けできるんちゃうか」と踏んだんですね。そして買った土地を空き地にしておくのももったいないから有効利用しよう、と考えた。こうして野心ある2人のじいちゃん連合が、ダチョウ牧場を始めたわけです。

ところが実際は最初からつまずきっぱなしだったようです。南アフリカからヒナを輸入し、関西国際空港にいそいそと迎えに行ったら3割は死んでいた。鈍感力の高いダチョウでも、さすがに長距離の移動がこたえたのでしょう。

生きていた23羽をトラックの荷台に載せて神戸の牧場に着いたら、なぜか20羽になってたそうですわ。何度数えても、数があわない。高速道路で落ちてしまったんでしょうね。野良ダチョウになってたりして……。

そんなダチョウ牧場に現れたのが、大学院を修了して間もない不肖・塚本康浩だったというわけです。神戸のダチョウ牧場に通っては、夕方に大阪の大学に行く、という生活が始まりました。

ぼーっと眺めること丸5年

最初はひたすらダチョウをぼーっと観察する日々でした。僕はもともと鳥が好きですし、ダチョウを動物行動学的な研究の対象にして、それで論文が書けたらええなと思ったんです。

「ときどき来てもええですか？」なんて言ってましたが、実際はほぼ毎日通っていました。家から近くもないのに、平日も週末も片道1時間以上かけて、ついダチョウ牧場に足が向いてしまうんです。当時すでに結婚していましたが、ヨメはんも獣医ですし「もともとヘンな人間やし、しゃあないなぁ」くらいに思ってたんちゃいますか。

ダチョウ牧場で働いているのは田中さんのところの社員です。土建業だから、いかついガテン系の兄ちゃんばかりでした。アホみたいにぼやーっと口を半開きにして飽きもせずダチョウを眺めている僕のことを、初めは敵でも見るような目で見てましたわ。

僕は獣医なので、ケガをしたダチョウがいれば治療もします。ダチョウはアホやからよく頭を木にぶつけて、血腫ができたりするんです。

ある日、その血の塊におもむろにメスをザクッと入れて、わざと派手めに血を噴き出させ、デキる獣医感を演出しながら治療してみました。すると「あいつ、やるやん」と、兄ちゃんたちの僕を見る目が変わりました。僕の巧《たく》みな刃物使いと噴き出す血が、彼らの心にぐぐっと刺さったようです。おかげで兄ちゃんたちとも打ち解け、受け入れてもらえるようになりました。

そんなこんなで通うこと5年。ダチョウの行動の規則性を探ろうと観察を続けた結果、規則性がない、という規則だけがわかりました。

第1章で書いたみたいに家族がぐちゃぐちゃに交じっても誰も気ぃつかへんし、意味もなくみんなで走ったり、とにかく行動が支離滅裂。いつもわやくちゃで、わけのわからんことしか起こりません。どないしても行動をパターン化することができないのです。

若い学者にとっての5年はかなり重要です。その間、論文をいっこも書いてへんわけやから「なにしとんねん」という話です。それにじいちゃん連合にも研究のためという名目で5年も勝手に牧場を使わせてもらった末、今さら「何もわかりませんでした。撤退します。ほなサイナラ」とはさすがに言えません。

「この先どないしたらええんやろう」という焦りが込み上げてきました。

そこで動物行動学をいったん頭から追い払うことにしました。なんかほかにダチョウで研究できること、ないやろか。

するとまず頭に浮かんだのが、殺しても死なないような強靭《きょうじん》さです。あんなにアホやのに絶滅せず生き延びてこられたというのは、体の中に、ほかの生き物にはない強さの秘密があるんちゃうか。

ひょっとしてそこに鉱脈があるんちゃうか、とひらめきました。

大発見の予感と、右腕の登場

前も書いたとおり、ダチョウは大ケガをしても滅多に死にません。傷から感染症になることもなく、いつの間にか治ってしまうし、病気らしい病気もせず長生きします。大学時代から鳥の感染症を研究していた僕は、ダチョウの強さはいったいどこからくるのか、俄然興味が湧いてきました。

そこで鳥が感染するコロナウイルスをダチョウに注射してみたところ、ものすごいスピードで抗体ができたのです。おおざっぱに言うとほかの動物の半分以下の時間しかかかりません。ダチョウはとんでもなく自己治癒力が高く、抗体を作る能力がずば抜けている。もしかしたらこれはすごい発見ちゃうか。ちょっと震えがきましたわ。

そやったらダチョウさんの血から抗体を精製して、ニワトリがウイルス性の病気にかかるのを防ぐ研究を始めるのはどうやろ！　進むべき道が見えた気がしました。

それにですよ、研究目的ということであれば、いよいよ大学でダチョウを飼えるかもしれへんわけです。「ここはなんとかがんばらなあかん」と、むくむくと下心が湧いてきます。

そこで「ニワトリのコロナウイルスである伝染性気管支ウイルスの診断薬の可能性を探る」という題目で実験計画書を書きあげました。なにしろダチョウの飼育がかかっとるわけです。もう、渾身の力を振り絞って書きましたわ。大学の委員会に提出したところ、まんまと、いや、運よく飼育が認められました。

ただ、大学でダチョウを飼うとなると、手伝ってくれる学生が必要です。そこで指導している学生のなかで目をつけたのが、当時大学院生だった足立和英君です。

足立君は水の中の生き物が好きで、本当はイルカの研究をやりたかったようですが、当時は川に棲んでいるコイから環境ホルモンの実態を明らかにする研究をしてました。環境ホルモンの研究だから、汚い川であるほどいいわけです。元エジプト陸軍の軍人だったエジプト人留学生と彼と僕で、大阪のきったない川に行き、足立君に綱をつけて橋からぶら下げて全身ドボンと川に落として、コイを獲ったこともありました。バラエティ番組で体張ってるお笑い芸人でもなかなかせえへんでしょう。通りがかった人はリンチか殺人事件の現場やないかと勘違いしたかもわかりません。

ところが、そこまでしても研究がなかなかうまくいかず、当時足立君は行き詰まっていたんですね。

「足立君、大学でダチョウ飼おう思うとるんやけど。コイはちょっとおいといて、ダチョウの研究やらへんか?」

すると渡りに船とばかりに、二つ返事で
「やります!」

こうしてまんまと足立君という協力者を得たわけです。僕はダチョウに乗るのもうまいですけど、人を乗せるのもうまいんです。

さっそく神戸の牧場に行き、生後3ヶ月のメスのダチョウを3羽購入。こうして、世界一大きい鳥を飼うという長年の夢を叶えることができたわけです。

研究の前に立ちはだかるダチョウの凶暴さ

3羽のダチョウだけでは研究には足りません。やはり、ダチョウ牧場のダチョウさんたちが必要です。ところがその頃、僕の知らないところでダチョウ牧場に危機が迫っていました。じいちゃん連合が、本気でダチョウ飼育からの撤退を考え始めていたんです。

ダチョウの肉は思うように売れないし、オーストリッチのカバンや靴の売れ行きもかんばしくない。身内からも「オヤジ、ええかげん道楽はやめたらどないや」くらい言われていたんでしょうね。

僕がダチョウの新たな研究テーマを見つけたと言うと、

「先生がそない言わはるなら、まぁ、もうちょっと続けてみますわ……。研究のお役に立てるんやったら……」

◎小西さんと、小西さんが作ってくれた移動式ダチョウ捕獲檻。

と、なんとなく歯切れの悪い感じでした。でもダチョウ並みに鈍感だったその頃の僕には、実際はどれほど事態が深刻だったのか理解できていなかったんです。というか、目の前の実験のことで頭がいっぱいだったんですね。

実験はこんな流れで行うことにしました。ダチョウにウイルスや病原体などの抗原（免疫反応を引き起こす物質）を注射し、2週間後に採血して、抗体ができているかを確認。いい抗体ができていたら、ダチョウを安楽死させて血液を抜き取り、抗体を精製します。

ところが計画というものは、得てして思いどおりに運ばないものです。さらっと書いた「ダチョウに注射する」だけでも、実際は大仕事です。質のいい抗体を求めてことさら体格の立派なオスを選び、牧場で働いている兄ちゃんたちと5人がかりで追いかけるんですが、なにせ相手は地球最速の俊足だし、キック力も金メダル級です。慣れないうちは1日がかりで1羽に注射するのがやっとでした。

ダチョウの暴力にどないして対応するか。頭を悩ます僕たちを助けてくれたのは小西さんでした。鉄パイプを材料に、なんと自作の移動式ダチョウ捕獲檻をこしらえてくれたんです。おまけに研究用の小屋まで自分の手で建ててくれました。涙が出るほどありがたかったです。

血液から卵へ、発想の大転換

抗体が確認できたらダチョウから血液を抜いてバケツに入れて、足立君の小型車で神戸の牧場から大阪の大学に運びます。なにせデカい鳥ですから、1羽から取れる血液は7リットルほど。しかしバケツで運ぶという原始的な方法なのでけっこう途中でこぼれてしまいます。

やっとの思いで大学に着いてからも、持って帰った血を容量200ミリリットルの遠心分離機で回すのも骨が折れます。1回20分を35回、11時間半かかります。4トンの力で蹴られながらダチョウをとっ捕まえて、血液を採ってバケツに入れて車で運んで、35回も遠心分離機にかけて——どう考えてもごっつ効率の悪い作業です。足立君や研究室メンバーの疲労オーラも日に日に濃くなってきていました。

それに無類の鳥好きとしては、抗体を取るためにいちいちダチョウを犠牲にするというのはなかなか寝覚めの悪い所業でした。何かほかの方法はないもんか。そう考えるうちに、頭の中で徐々に形になっていったのが、卵を使う方法です。

ダチョウの卵には親鳥の抗体が移るはずです。卵で子孫を増やす動物にはそういうシステムがあるんですね。ひょっとして人工的に作らせた抗体も、卵に移るんちゃうか。

ただ、巨大なダチョウの卵から抗体を取り出すなんてことは、今まで誰もやったことがありません。使う薬品から何からすべて自分たちで開発するしかないわけです。大変なことだとはわかっていましたが、一方で誰も踏み入れてない新たな道が見えた気がして、ワクワクもしました。

実験を始めたのが12月だったので、無毒化したウイルスをダチョウに注射しても、なかなか卵を産んでくれません。冬は卵を産まへんのです。じりじりと焦がれながら待ち続けた2月下旬のある日、ついに足立君から「今朝、産みました！」という電話が。思わず「おぉ、よくやった！」と電話口で大声を上げてしまいました。よくやったのは足立君やなくてダチョウさまです。その後はダチョウ牧場から順調に卵が届くようになりました。

届いた卵は黄身だけを取り出し、遠心分離機や試薬を使い、抗体を精製します。白身より黄身のほうが抗体を取り出しやすいためです。ただ、白身にはアルブミンという卵アレルギーの原因となる物質が含まれているので、この点でも白身を使わないことにしてよかったなと思います。

足立君が中心となって地道な実験をひたすら繰り返し、ついに卵から純度の高い抗体が取れたのは、抗体の研究を始めて2年経った頃です。このときの喜びは今でもまざまざと思い出せます。

ダチョウ抗体による産学連携がスタート

その後1年ほどでダチョウの卵によって抗体を大量に、安く作る技術を開発できたわけですが、次に、この技術をどう生かすかということを考えなくてはいけません。当初の目論見《もくろみ》どおり、ニワトリが感染するコロナウイルスの検査キットは完成しましたが、それだけではなんやもったいないな、と思ったのです。

その頃、人間も感染する鳥インフルエンザの世界的流行のきざしがあり、騒ぎになっていました。そこで鳥インフルエンザの抗体をダチョウで作ってみたら、質のいいものができたんです。これはいけるということで小さなセミナーを開いたところ、新聞社の記者さんが来てくれました。

日経産業新聞というコアな人が読む新聞の記者さんだったので、正直たいして影響力はないと思っていました。でも、ベンチャービジネス関係の人がよく読んではるんですね。「何か一緒にできませんか」と言ってくる人がぽつぽつ出てきました。

そのうち毎日新聞の記者さんが来て、ダチョウ抗体のことをけっこう大きく扱ってくれました。そうしたら、いくつもの企業さんが興味を示してくれ――いろいろな方と、鳥インフルエンザ抗体で何かできないかという話をさせてもらいました。

並行して、文部科学省所管の国立研究開発法人科学技術振興機構（略称ＪＳＴ）が行っている助成金申請を進めました。

ＪＳＴは産学連携を進めていて、実現性が高く、産業の発展につながると思われる有望な研究にはけっこうな額の助成金を出してくれます。卵から抗体が精製できるまでの期間は、小規模の助成金を申請して助成してもらいました。

そして卵から抗体が大量に安くできる技術を開発できたこのタイミングで、いちばん金額の大きい「大学発ベンチャー創出推進事業」の助成金にチャレンジしました。これに通れば3年間で2億円近い助成金が出ます。

そのかわり、ちゃんと会社を作ってベンチャービジネスを始めないといけません。当時30代半ば。将来的なビジネスの展望はなかったのですが、とりあえずチャンスに飛びつこう、という感じでしたね。

するとこれが見事に通ったんです。喜んだのと同時にこわかったのも事実です。税金をもとにした助成金をいただく以上、失敗できません。

ＪＳＴの助成金で神戸の牧場のダチョウをすべて買い取りました。実験や研究を続けつつ企業として成立させていくためには、ダチョウの数も必要です。これでやっとじいちゃん連合に多少は恩返しができる、という気持ちもありました。

なんの利益も出さないダチョウ牧場を維持するため、小西さんはそれまで自腹でなんとかしてくれてたんですね。人件費も必要でしたし、たぶん相当大きな損失を出してたんじゃないでしょうか。

これは後から聞いた話ですが、もし僕がダチョウ牧場に通っていなければとっくに廃業していたそうです。でも妙ちくりんな兄ちゃんがあんなに熱心に通ってくるし、ということで続けてくれていたんですね。本当にありがたい限りです。

タッグを組んだのは残金100万円の会社

提携先の企業を探していたとき、ひょいと訪ねてきたのが、福岡県でクロシードという会社をやっている辻政和さんでした。ウェットティッシュなどを作っている会社だといいます。

ところがあれやこれやとお互いのことを話していると、どうも様子がおかしい。実は会社は大赤字で、倒産寸前だと打ち明けてきました。借金を相当抱えていたみたいです。

「これしかないんです」

辻さんは預金通帳を見せてきました。残金が100万円くらいしかありません。い

ち企業の残金が100万円て！　そんな辻さんと話すうち、気づいたら僕は、

「そんなら一緒にマスクでも作りましょうか」

と言っていました。

初対面の人に通帳を見せる辻さんも辻さんですけど、借金まみれの人と組もうとする僕も妙な人間です。でもこれには自分なりに理由があるんです。

辻さんはもともと商社マンだったので、いろんな素材を仕入れるノウハウがあります。僕はマスク製作の可能性を探っていたところでしたから、辻さんとだったらできそうや、と思ったんです。

それにごっつ必死なんですわ。「もし僕が断ったらこの人死ぬんちゃうか」くらいの感じでした。

それまで大企業の方々ともいろいろお会いしました。その場ではいい感じで話が進むのですが、「持ち帰って社内で検討します」「では稟議書《りんぎしょ》を回して」「上司を説得しますす」となって、なかなか話が進みません。来てくれた方とは意気投合しても、上司からネガティブな意見が出たり、細かい質問が延々と来たりします。感染症という刻一刻と状況の変わるもんに立ち向かうには、スピード感に難ありやと感じます。

そこへいくと、個人経営のベンチャー企業はイケイケで決断が早いんですね。それに辻さんは「生きるか死ぬかの瀬戸際」みたいな感じやったんで、「やる」選択しかないわけです。そういう人のほうが底力を発揮しそうやし、なんやオモロイ気がします。

フットワークの軽さで商機をつかんだ

辻さんは、

「まだ流行ってもいない鳥インフルエンザの抗体入りのマスクを、買う人がいますかねぇ」

と不安を漏らします。

そう言われたら確かにそのとおりです。それなら僕らがよくかかるA香港型H3N2やH1N1型といった季節型インフルエンザの抗体も混ぜようということで意見が一致。さっそく製品化に取りかかり、試作品ができました。2008年夏のことです。残金100万円の状態から辻さんはよう持ちこたえたもんです。

プレスリリースをかけたところ、あちこちのマスコミが取材に来てくれました。僕らが実験をやっているところをドキュメンタリーで流してくれたテレビ局もありました。おかげでけっこう注目され、宣伝費をかけていないのにマスクの売り上げは順調でした。

実は辻さん、

「宣伝やらなんやら準備不足なんで、あと1年発売を伸ばしませんか」

と言っていたんです。でも僕は、

「いや、絶対いけるからもう出そう」

となかば強引に販売に持っていきました。

それから半年後。メキシコで豚由来の新型インフルエンザが発生したというニュースで、世界に激震が走るわけです。

それまであったAソ連型H1N1の変形なので、ダチョウ抗体も効くはずや。そう思ってさっそくA／H1N1と名付けられた新型ウイルスを取り寄せて実験したら見事効きました。「新型インフルエンザにも対応済み」とプレスリリースをかけたところ、ダチョウ抗体マスクが爆発的に売れ始めました。

もしあのとき発売を1年遅らせていたら……。今に至る流れは生まれなかったかもわかりません。つくづく物事にはタイミングが重要やし、タイミングを逃さないためには「思いついたら即行動」のフットワークが大事やなと改めて思いました。

マスク開発を最優先にした理由

抗体をマスクに使えないかと考えたのには理由があるんです。

抗体精製に成功する前年の2004年2月、京都府の養鶏場でニワトリが大量死し、検査の結果H5N1高病原性鳥インフルエンザによるものだと判明しました。東南アジアで発生し、人間にもうつり致死率が高いとして恐れられていたウイルスが、いよいよ日本にも上陸か。にわかに緊張が走りました。

獣医である僕のヨメさんも、発生現場に調査に行きました。ヨメさんもプロです。消毒を頻繁にするだろうし、ウイルス防御に関しては知識も経験も豊富です。それでも、心配の絶えない日々でした。

現場で調査や作業をするときは、感染を予防するため、N95という特別なマスクを使用します。半球形をした立体的なマスクで、新型コロナウイルス関連のニュースでもときどき映っていますよね。ものすごく小さな粒子状物質も通過させないので、微粒の粉塵《ふんじん》や有機溶剤を発生させる工事現場や、感染症を扱う医療現場などで使われています。

　あのマスク、実際に着けてみると、ごっつ息苦しいんですわ。ウイルスも通過させないくらい目が細かいフィルターが使われてるんだから、そりゃあ息が苦しくなるのも当然です。

　実はあのとき、現場で調査や作業に当たった人のうち数名から、後になって鳥インフルエンザ抗体の陽性反応が出たんです。現場での作業は肉体労働だから、苦しくなって無意識のうちについマスクをずらして深呼吸をしてしまい、そのときに感染した可能性もあります。幸いなことにみなさんそれなりに体力があり、おそらく毒性もそれほど強くないタイプだったから、発症しなかったのでしょう。

　どれだけ専門的な知識を持ち、細心の注意を払って消毒などを徹底していても、感染症はうつるときにはうつるんですね。だからこそ、なんとかもっと使いやすく、着けたときに苦しくないマスクで感染症を予防できないやろか。そこから試行錯誤が始まり、2年ちょっとかけて開発に成功したわけです。

新型インフルエンザの次に世界を震撼させたのが、2012年にアラビア半島で発生してヨーロッパやアジアに広がっていったMERS（中東呼吸器症候群）です。これはそれまでなかった新しいコロナウイルスによる感染症で、重篤な呼吸器障害や腎不全を引き起こし、致死率も高いことで恐れられました。

さっそくMERSの遺伝子情報を基にダチョウ抗体を作り、マスクに配合しました。MERSの抗体をすぐに作ることができたのは、それ以前にSARS（重症急性呼吸器症候群）の抗体を作った経験があったからです。SARSは2002年に中国南部で患者が報告され、アジアやカナダで感染が拡大しました。

そんなふうにして、MERSや新型鳥インフルエンザや、新しい感染症が現れるたびに迅速にダチョウ抗体を作り、マスクに配合してきました。

皇室の方々もマスクをご愛用!?

2009年、秋篠宮殿下がご自身の監修なさった『日本の家畜・家禽《かきん》』という書籍に、ダチョウは抗体が採れる動物だとお書きくださいました。当時、世の中のほとんどの人が、ダチョウなんて役に立たないと思っていたはずです。というか、そもそもダチョウの存在なんて動物園に行ったときしか思い出さへん人が大多数でしょう。

それやのに殿下は、僕の研究、というよりダチョウさんの価値を認めてくださったわけです。ダチョウになりかわってお礼を申し上げたくて、さっそく殿下にダチョウ抗体マスクを献上しました。


何ヶ月か経った頃、大学の事務職員さんが興奮した口調で電話を回してきました。

「塚本先生、くないちょうです！」

くないちょう？　それはどんな鳥やったかな……。ああ、宮内庁か！

なんと、秋篠宮殿下が直接マスクのお礼をおっしゃりたいとのこと。こちらは心の準備も整わないまま電話口に殿下がお出になられました。

「マスクをありがとう。大変でしょうが、これからもお体に気をつけて研究されてください」

「は、はいっ、ありがとうございますっ」

お話しさせていただいている間、自然と背中がしゃきーんと伸びました。

もちろん、今回の新型コロナウイルス対応バージョンのマスクも献上しています。

2012年にダチョウ抗体マスクが「日本バイオベンチャー大賞」の「フジサンケ

イ ビジネスアイ賞」を受賞した際は、授賞式に高円宮妃久子さまがいらっしゃいました。久子さまからは、

「私もこれ、買って使ってるわよ」

とありがたいお声をかけていただき、またもやダチョウになりかわってお礼を申し上げた次第です。

粗食のほうが質のいい卵になる

こんなに役に立ってくれるダチョウさんには、おいしいもんをたらふく食べさせてねぎらいたいところなんですが、実は、卵をたくさん産んでもらうには、栄養状態がよすぎてはアカンのです。カロリーの高いエサをたくさん食べさせると、産卵回数が減ってしまうのです。

動物の本能なんでしょうね。若干の飢餓状態にすると、「ウチもいつどうなるかわからへんし、早いとこ子ども作っとかなアカン」というスイッチが入るようです。短期間もやしだけを与えてみるなどエサの工夫をしたところ、順調に卵を産むようになりました。

粗食のほうがええ仕事をしてくれるんやから、こんなありがたい話ありません。ただし殻を作るためにカルシウムは必要なので、エサに牡蠣殻《かきがら》を加えています。

日の光が17時間以上続くと卵を産むので、秋くらいからは人工照明をつけると、その時期以降にも卵を産みます。かといって、年がら年中産ませているとダチョウさんが疲れてしまうので、基本的に秋から冬にかけては休ませています。やっぱりダチョウの世界でも働き方改革は大事ですから。

塚本研究室では溶接が学べます

小西さんは僕に、溶接のやり方を教えてくれました。田中さんは土建業なので、いろんな重機の使い方を教えてくれます。

とにかくじいちゃん連合はなんでも自分たちでできるんです。じいちゃんたちの背中を見て、人間、やっぱり溶接くらいはできなあかんと思い知らされましたわ。

おかげでその後、僕らも自力でダチョウ舎を完成させることができました。僕らが作ったダチョウ舎は30メートル×200メートルくらいの広さ。なにせ背が高い鳥なので、屋根まで6メートルくらいの高さは必要ですし、けっこう大工事でした。

郵便はがき

料金受取人払郵便

代々木局承認

1938

差出有効期間
2022年10月4日
まで

1 5 1 8 7 9 0

203

東京都渋谷区千駄ヶ谷 4-9-7

(株) 幻冬舎

書籍編集部宛

1518790203

ご住所 〒

都・道
府・県

フリガナ
お名前

メール

インターネットでも回答を受け付けております
https://www.gentosha.co.jp/e/

裏面のご感想を広告等、書籍の PR に使わせていただく場合がございます。

幻冬舎より、著者に関する新しいお知らせ・小社および関連会社、広告主からのご案内を送付することがあります。不要の場合は右の欄にレ印をご記入ください。

不要 □

本書をお買い上げいただき、誠にありがとうございました。
質問にお答えいただけたら幸いです。

◎ご購入いただいた本のタイトルをご記入ください。

『　　　　　　　　　　　　　　　　　　　　　　　　』

★著者へのメッセージ、または本書のご感想をお書きください。

●本書をお求めになった動機は？

①著者が好きだから　②タイトルにひかれて　③テーマにひかれて
④カバーにひかれて　⑤帯のコピーにひかれて　⑥新聞で見て
⑦インターネットで知って　⑧売れてるから／話題だから
⑨役に立ちそうだから

生年月日	西暦　　　年　　月　　日（　　歳）男・女			
ご職業	①学生	②教員・研究職	③公務員	④農林漁業
	⑤専門・技術職	⑥自由業	⑦自営業	⑧会社役員
	⑨会社員	⑩専業主夫・主婦	⑪パート・アルバイト	
	⑫無職	⑬その他（　　　　　　　）		

このハガキは差出有効期間を過ぎても料金受取人払でお送りいただけます。

ご記入いただきました個人情報については、許可なく他の目的で使用することはありません。ご協力ありがとうございました。

わざわざ地鎮祭までしましたが、神主さんも「なんのこっちゃ」という感じやったようです。祝詞《のりと》に「ダチョ〜ノ〜」とか入っていたので、思わず噴きそうになりました。

実験の合間に作り続け、完成までには6ヶ月くらいかかりました。手伝ってくれた学生は5人くらい。僕の研究室に入るとヘルメットをかぶって土木工事や溶接もやらなあかんし、ダチョウを追いかけたり、追いかけられたり、ときには格闘せなあかん。サバイバル力がつく研究室です。さらに万が一体調が悪くなっても、抗体があるから安心です。

◎研究室総出で完成させたダチョウ舎。

僕の右腕・足立君も、じいちゃん連合に劣らずモノ作りの才能を持った人物です。懐かしいのが、ダチョウの卵の黄身と白身を分ける道具。100円ショップで買ってきたプラスチック製の柄つきボウルに、カッターでスリットを入れたもので、スリットから白身

◎足立君の見事な卵アート（提供：伴富志子）。

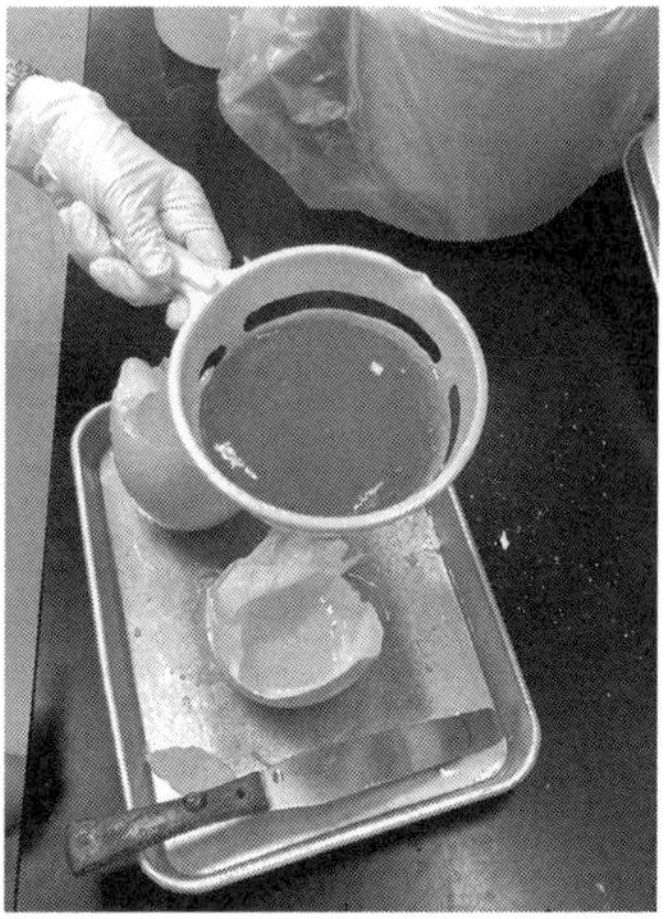

◎伝説と化したダチョウ卵黄分離器。卵黄だけが残り、白身が流れていくしくみ。

が流れ出る、という寸法です。

今や世界から注目されている最先端の研究の道具が、実は100円ショップで買った台所用品で作られていたわけです。ちなみに今では研究室の面々は、熟練した料理人のように道具なしでも黄身と白身を分けられるようになりました。ですから足立君作の「ダチョウ卵黄分離器」は僕らの歴史的遺産として、研究室の棚にうやうやしく飾られています。

足立君は研究の合間の気分転換に、ダチョウの卵の殻にカッターで細かい切り目を入れて図柄を描き出し、ランプを作ったりもしています。これがまた繊細で見事なアート作品なんです。今にどこかの伝統工芸工房からスカウトが来るんちゃうか、と心配になります。

心と骨をダチョウに折られた事件

愛してやまないダチョウさんですが、ケガを負わされたことは何度もあります。ダチョウは機嫌がええときは、けっこう遊んでくれはるんです。こちらも楽しくなって戯《たわむ》れていると、なにせ相手は力が強いので、じゃれてきたその動きでむち打ち症になったりします。骨折も大きいのは3回くらいありました。

まずは、檻の中でダチョウに注射する際、大暴れするダチョウを必死に押さえ込もうとした学生の肘《ひじ》が、僕の肋骨に激突。いわゆる「エルボーが入る」というヤツです。肋骨が折れました。

ダチョウが蹴ったフェンスが飛んできて、それが鼻にあたって鼻の骨が折れたこともあります。まあ、どっちもはずみで起きてしまった不慮の災難です。

ダチョウに直接蹴られたこともあります。

２０１５年、テレビ番組で「ダチョウはどれくらい速く走れるか」というコーナーがありました（第1章でも紹介しました）。ロケには品川庄司の庄司さんが来てくれはったんですが、ダチョウはちょうど繁殖期に入って気の荒い時期でした。さらにスタッフさんの人数が多くて、いつもと違う雰囲気に苛立ってしまったんですね。でかいオスがすでにキレとるんですよ。

その状態で庄司さんがダチョウを追いかけるシーンを撮影したんですが、僕は「なんとしても庄司さんを守らなアカン」と必死でした。棒を持って一緒に走っていたら、一瞬なんか黒いもんが近づいたなぁという気がしたんですけど、そこから記憶がないんです。

ハッと気がついて目を開けたら、青い空。地面にのびてました。

その一部始終がカメラに撮られていました。ダチョウに蹴られて吹っ飛び、脚の骨が折れたようです。ただ、僕のせいでロケを止めるのは絶対にイヤやったんで、とにかくロケだけは続けてくれとお願いして、病院に運ばれていきました。

検査の結果、右ひざの脛骨《けいこつ》の複雑骨折でした。いずれ人工関節の手術をせなあかんようです。

あのケガ以降、どうもコンマ1秒、ダチョウへの反応が遅くなっている自分がいてるんです。どこかに恐怖心が残っているのかもわかりません。

こんな危険を冒《おか》してでもテレビのロケを受け入れるのは、とにかくダチョウのすばらしさ、ダチョウの力を知ってもらいたいからです。今まであんまり目立ってこなかった動物ですが、なんとか彼らのことをもっと知ってほしい。「ダチョウはすごい鳥なんや」と思ってもらいたいと、ひざが痛むたびに決意を新たにしています。

ダチョウ博士と呼ばれることの思わぬ弊害

そんなわけでダチョウとのつきあいは、かれこれもう24年目。振り返ってみると常にダチョウのことばかり考えていた気がします。

飼っているダチョウの数も、どんどん増えていきました。というのも、各地で廃業するダチョウ牧場があると、「引き取ってもらえませんか」と連絡があるからです。増えに増えて、多いときには500羽くらいになりました。神戸だけでは飼いきれないので、鹿児島や山口、京都にも牧場を分散させています。

抗体作りにはダチョウの数はそんなに必要ないので、趣味で500羽飼ってるようなもんです。「趣味にしてはなんぼなんでも多すぎるやろ」とは自分でも思ってます。

おかげさまで「ダチョウといえば塚本」と思ってもらえて、ありがたいですけど、困ることもあります。どこかでダチョウが逃げていると必ず連絡が来るんです。

東日本大震災の際、福島でダチョウが町を走っていたときも、「ダチョウが逃げてる」とすぐ電話がかかってきました。どう考えても僕のダチョウちゃうやろ。

沖縄でダチョウが逃げたときも「どうするんですか！」と抗議の電話がかかってきました。いやいや、僕、沖縄でダチョウは飼《こ》うてません。

ただ、関西のどこかでダチョウが逃げてたら、間違いなく僕のダチョウです。これはもう、ごまかしようがありません。

あるとき、うちの牧場から脱走したダチョウがワイン用のブドウ園のブドウを全部食べてしまうという騒動がありました。そのブドウ園は神戸市の持ち物だったので、市長さんのところに行ってもう平謝りです。

市長さんは「今年は出来がよくなかったですから」と言ってくれましたが、あのときはほんま、すいませんでした。

経済効果は末端で700億円規模

2008年、京都府立大学大学院の教授を拝命。大阪から京都へと場を移し、ダチョウ抗体の研究を続けることになりました。そして同年、JSTの後押しもあって、京都府立大学発ベンチャーの「オーストリッチファーマ株式会社」を設立。

「3年で2億くらいの売上高があればええかな」と思っていましたが、わずか5年で末端売上高200億円の経済効果を生み出しました。おかげでテレビ番組「激レアさんを連れてきた。」でも、「200億円を生み出す発見をした人」として紹介されました。

新型コロナウイルスが流行してからはさらにダチョウ抗体製品の需要が増え、マスクだけでも累計9000万枚は売れているはずです。数年前から、海外の提携先も順調に業績を伸ばしています。現在は、末端で700億円くらいの経済効果があると考えています。

とはいえ、僕自身が大富豪になったかというと、そんなことはありません。僕はあくまで京都府立大学の教員です。エンドユーザー向けの商品を売って儲けることはできません。ですから、オーストリッチファーマで商品の最後のプロトタイプ（試作品）まで作り、その後は提携企業が製造・販売を行います。つまり技術と抗体の販売

◎世界で初めて抗体入りのダチョウ卵が産卵された記念の地・神戸のダチョウ牧場。ここに塚本と小西さんらでダチョウさんへの感謝の気持ちを込めた石碑を建立した。小西さんの故郷・徳島から岩を運んだ。

をしているわけです。その収益は研究費にまわります。

うちの会社のバランスシートは、普通の人が見たらびっくりすると思います。研究費がダーンと高額ですから、どれだけ売り上げがあっても、経常利益がほとんどないわけです。バランスもへったくれもありません。

そんなわけでダチョウ事業は軌道に乗り、お世話になりっぱなしやった小西さんはすでに御年94歳になりましたが、自分なりには恩返しができた気がします。

その小西さんが、こんなふうに言わはります。

「先生がもしノーベル賞を取ることがあったら、私にお祝いの挨拶をさせてください」

もちろん、そんな機会があればぜひお願いしたいです。だから小西さんには、何がなんでも１００歳以上まで生きてもらわな、と思っています。

コラム

塚本学長の鳥まみれ日記❷

友だちになったオッハーガラス

大学のキャンパスでエミューと散歩していると、毎回同じカラスが遊びに来ます。しかも僕の顔を覚えてくれているらしく、「オッハー」と挨拶までしてくれます。作り話ではなく、ほんまの話です。

２０２０年４月からは京都府立大学の学長になったこともあって忙しく、しばらくエミュー散歩は学生にお願いしていました。挨拶してくれるカラスのことも、いつしか忘れてたんですよ。

そうしたらある日、なんとそのカラスが目の前にいたんです。学長室の窓の外に来てくれたんですね。いつも通り「オッハー」と独特の鳴き方をしたので、あいつやとすぐわかりました。

「おっちゃん、久しぶり。元気かぁ?」

とでもいうような感じやったんで、こちらも「おぉー」と言わなしゃあないじゃないですか。

カラスが人間の顔を識別するのは、研究からもわかっています。オッハーガラスは、明らかに僕という人間を認識しとるんですね。だからケガしたカラスの面倒をみたりすると、よう慣れてごっつかわいいんです。頭がいい分、目で見ていろいろなことを覚えて、人間のマネをしてタオルを畳んだりします。

そんなやから、実はカラスファンってけっこうおるんです。うちの研究室にもカラスが大好きな女性がいて、連絡用ホワイトボードにカラスの絵つきで「カー曜日」とか書いています。火曜日のことらしいです。

カラスは人の顔を覚えてくれるのに、ダチョウさんは自分の家族の顔さえわからへん。神戸には23年間つきあいがあるダチョウもいてますが、いまだに僕という人間を認識してくれへんのです。それがちょっと寂しいですね。

第3章

ダチョウ抗体が秘める無限の可能性

普通のマスクではできない「予防」ができるわけ

「おっ、ダチョウのマークがついてるんですね」

初めてダチョウ抗体マスクを見た人はたいていそう言い、「かわいいですね」とほめてくれます。

緑色の小さなダチョウマークをつけているのは、表裏を間違えて着けることがないよう目印のためです。外側にダチョウがいてるようになっているわけです。たまに上下逆さまに着けてダチョウが逆立ちしとる人もいてますが、そういうアホなことをしとるのは、なぜかだいたいおっさんです。

ダチョウ抗体マスクは、新しい感染症が出てきてもすぐに対応できるフットワークのよさが大きなメリットです。これまで鳥インフルエンザ、季節性インフルエンザ、新型インフルエンザ（インフルエンザH1N1２００９）、花粉（スギ、ヒノキ、ブタクサのアレルゲン）に対応する抗体を配合していましたが、２０２０年春からは新型コロナウイルスの抗体も配合し、バージョンアップを図っています。

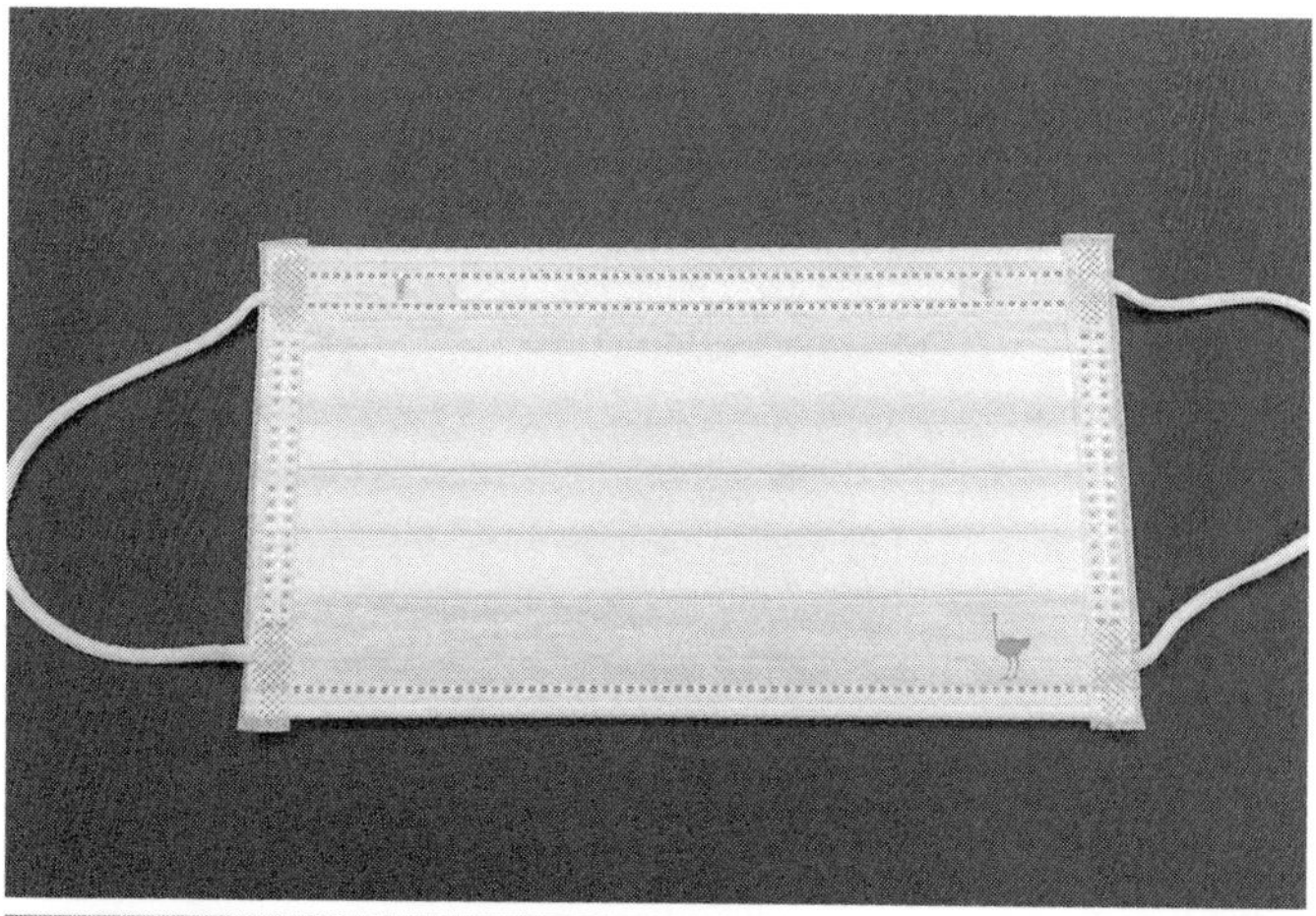

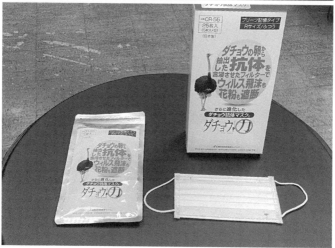

◎ダチョウ抗体マスク。
右下に見えているダチョウマークが表になるように着用してほしい。

ところで、新型コロナウイルスが世界的に流行し始めた頃、各国でマスク論争が起きました。マスクは果たして新型コロナウイルスの感染防止に役立つのか否か。ヨーロッパでは、マスクを着けない自由を求めてデモが起こりましたし、アメリカでもトランプ大統領（当時）の支持者を中心に、マスクを着けない人が大勢いました。

日本ではもともとマスクを着けることに抵抗のない人が多かったので「外ではマスクを着ける」という新しい習慣は早くに定着しました。

ただ、「マスクは自分の唾液をキャッチしてくれるので他人を感染させない効果はあるが、ウイルスの粒子はマスクの中に入ってきてしまうから、自分が感染しない効果には乏しい」という説明が、流行初期の頃にテレビでよく解説されてましたよね。それならダチョウ抗体マスクで感染が予防できるってのは塚本のホラちゃうの？　誇大広告ちゃうか？

ご心配はもっともです。では普通のマスクとダチョウ抗体マスクはどこが違い、なぜダチョウ抗体マスクは新型コロナウイルス予防に力を発揮するのか。改めてその仕組みを説明します。

ダチョウ抗体マスクのフィルターは4層構造になっていて、いちばん外側のフィルター表面にダチョウ抗体が配合されています。ここにウイルスが付着すると、ウイルスと抗体が結合して、ウイルスは不活性化されるわけです。

さらに2枚目のフィルターには、メルトブローン不織布《ふしょくふ》というものが使われています。この不織布に若干の静電気をもたせているので、万が一ウイルスがここまで来たとしても静電気がキャッチします。つまり2重の関所があるというわけです。

だからふつうはダチョウマークを表にして着けてほしいですが、咳が出るなど、自分に何かしら症状がある場合は、あえて裏表逆に着けると人にうつすことも防げるんです。

フィルター入りの不織布マスクは洗うと静電気がなくなるなど、効果が薄れてしまいます。もしどうしても洗って使いたい場合は、マスクの表と裏にダチョウ抗体スプレーをシュッと吹き付けるといいと思います。

「免疫力を高める」とは「抗体を作る能力を高める」こと

ここまで当たり前のように抗体、抗体と連呼してきましたが、そもそも「抗体」とはなんでしょうか。

抗体は、体の中にインフルエンザやコロナウイルスなど体を傷つける異物（抗原）が入ってきたとき、それを無力化して除去するために体が作る物質です。抗原ごとに抗体は異なります。小難しく言うと、体内の免疫担当細胞が、抗原に対して作るたんぱく質の分子のことを抗体というのです。

最近よく聞く「免疫力を高める」というのは、イコール「抗体を作る能力を高める」なわけです。

体内の免疫担当細胞とはなんのことかというと、正体は白血球です。「白血球」は体を守る戦闘部隊のチーム名で、チーム員にはマクロファージ、ヘルパーT細胞、B細胞がいます。

たとえばインフルエンザウイルスが襲いかかってきた場合。奴らはまず鼻や喉の粘膜にくっ付いて、粘膜の細胞の中に潜り込もうとします。

そこにやってくるのが、血液に乗って巡回し、敵が侵入しないか見張っている「チーム白血球」です。白血球は敵を見つけると、「敵発見！　ただちに戦闘状態に入ります」と果敢に闘います。

チーム白血球による免疫の働き

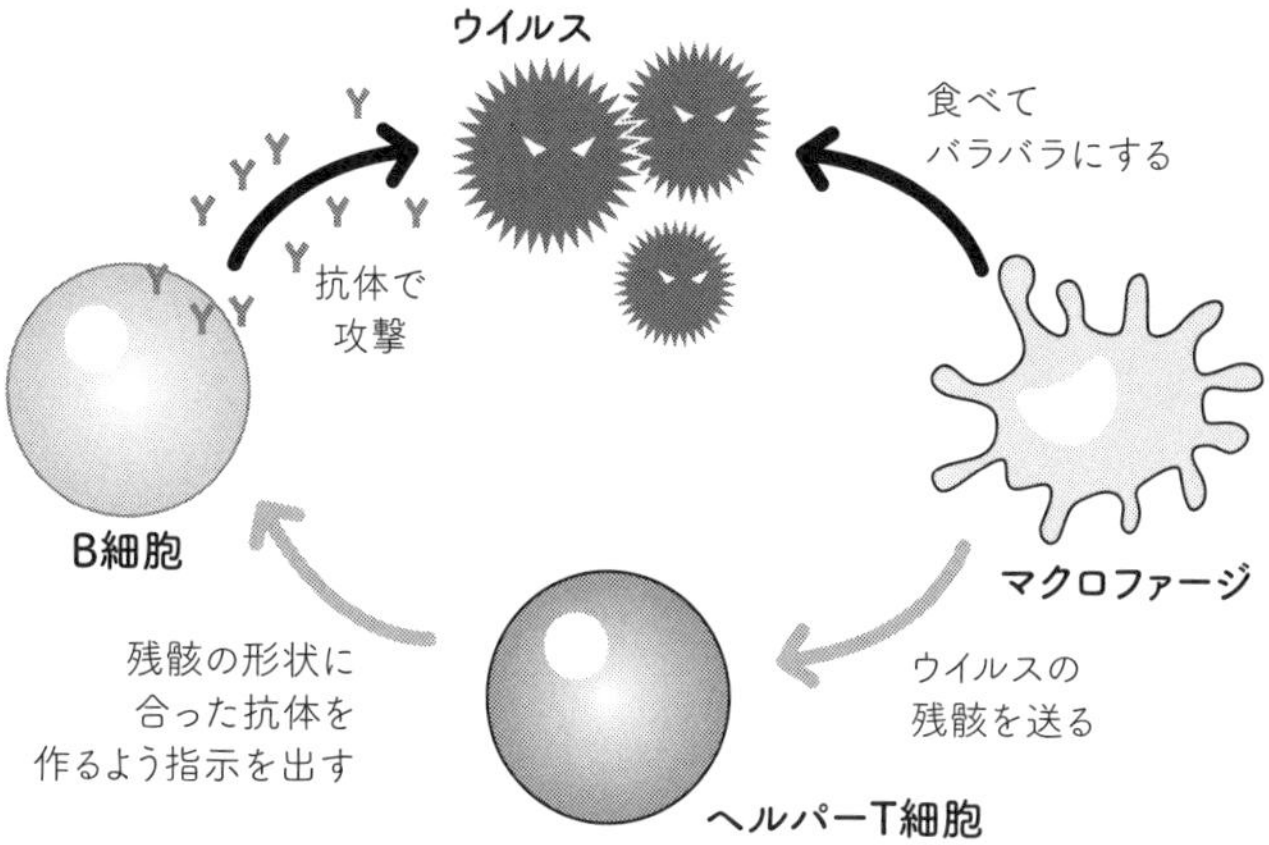

闘いの結果、白血球の死骸も出れば、ウイルスの残骸も出ます。どろっとした鼻水や傷口の膿《うみ》には、そうした白血球や病原体の死骸が含まれてるわけです。どうです、黄色い鼻水がなんや愛おしくなるでしょ？

白血球の最前線で闘うのがマクロファージです。別名大食細胞・貪食《どんしょく》細胞とも言います。敵をバクバク食べてバラバラに分解してくれるんですわ。頼もしい兵士です。

マクロファージがバラバラにしたウイルスの残骸は、司令塔・ヘルパーT細胞に送られます。するとヘルパーT細胞はその残骸の形状を分析し、ウイルス（抗

Y字たんぱく質の構造

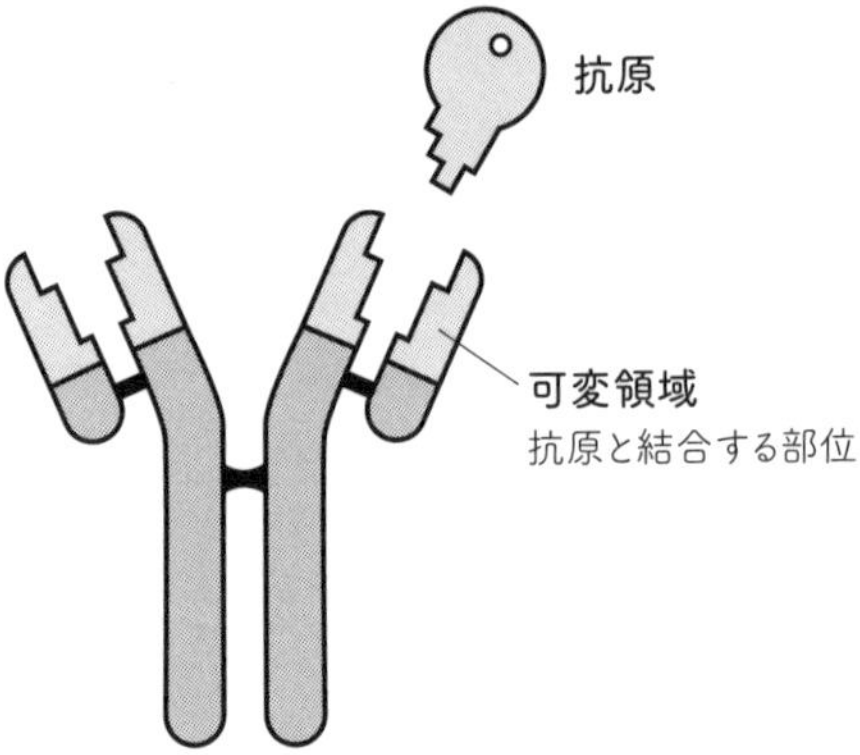

Y字の先端の形は抗原ごとに変えられる

原）に対応した抗体を作るように指示を出します。

ヘルパーT細胞の指示で抗体を作るのがB細胞です。B細胞で作られる抗体は、免疫グロブリンと呼ばれるY字型をしたたんぱく質です。

B細胞の何がすごいって、敵であるウイルスにピタッとはまるよう、Y字の先を微妙に変えられるようにできているんです。

言ってみればY字の先端は鍵穴で、抗原は鍵のイメージです。しっかり結合し、抗原は身動きできなくなります。つまり不活性化させてしまうんですね。

抗体は血中を流れて闘いの最前線へと

向かい、ウイルスを次々とキャッチします。抗体と結合した抗原は、マクロファージや好中球と呼ばれる細胞に食べられ、排除されるのです。こうして僕らは病気から回復していくわけです。

ダチョウの抗体はほかの生物とどう違うか

ダチョウという鳥は、恐竜が鳥類に進化していった直後くらいに枝分かれして登場した、いわば原始的な鳥です。このことは第1章でも触れました。そのせいで、遺伝子も普通とは違います。神様が設計ミスをしたんちゃうかと疑いたくなるほどめちゃくちゃです。

哺乳類の場合、すでに進化してきた生物なので、抗体を作るための遺伝子がある程度固定されています。だから遊びの部分がほとんどないんですね。ところがダチョウさんの遺伝子は、遊びだらけです。

哺乳類だと、抗体のY字の先がしっかりしていて、ほんのちょこっと変化させるだけでインフルエンザに引っ付くとか、コロナウイルスに引っ付くなどの違いが生まれます。つまり、決まった相手だけに少し構造を変化することで対応できる先鋭部隊というわけです。そして抗体1つにつき、キャッチできる抗原は理論的には2つということになります。なので、同じような抗体ばかりができてきます。そのため、場合によっては病原体や異物をやっつけられない時もあるのです。

ダチョウの場合、抗体のY字の先が長すぎるし、ゆらぎがあるんです。だから、ほんまやったらこんなところまで引っ付かへんやろう、というところまで引っ付いて、ものすごい種類の抗体が大量にできてしまう。

だから、ウイルスなどの異物が体に入ったら、一気にあらゆるパターンのたくさんの抗体を作り出すことができるんですね。ダチョウの驚異的な免疫力、回復力の秘密はそこにあるわけです。

魚類でいえば、シーラカンスは「生きている化石」と言われています。研究によると、シーラカンスの遺伝子は他の生物に比べて変化の速度が遅いらしい。だから今なお進化せずに太古のままの姿でいてるわけです。ということは、この先ゆっくりと進化する可能性があるのか。シーラカンスとダチョウがいったいどこに向かっているのかは、まったくもって不明です。

卵から抗体を取り出すメカニズム

抗体とは何かがわかったところで、ダチョウ抗体の作り方を改めて追ってみます。まず、新型インフルエンザなどの感染症のウイルスや、細菌の遺伝子データから、ウイルスや細菌の一部だけを作ります。遺伝子データというレシピがあれば、ウイルスや細菌を作ることが可能です。

それにはウイルスの重要な部分、つまりヒトの細胞に引っ付くたんぱく質の遺伝子だけを、大腸菌のプラスミドという遺伝子の中にドッキング（結合）します。

その遺伝子を大腸菌の中に入れて、大腸菌を培養液の中で大量に増やすと遺伝子も大量に増えます。そこから大量に増えた遺伝子を取り出して、今度は哺乳類やカイコの培養細胞の中に入れます。

細胞を培養すると細胞の中で遺伝子が働き出して、たんぱく質ができていきます。そのたんぱく質を、培養液や細胞をすりつぶして取り出したらＯＫです。このたんぱく質、つまりウイルスの一部が抗原となるのです。

こうして取り出した抗原を、ダチョウに注射します。するとたとえ無害化してあっ

ダチョウ抗体を取り出すしくみ

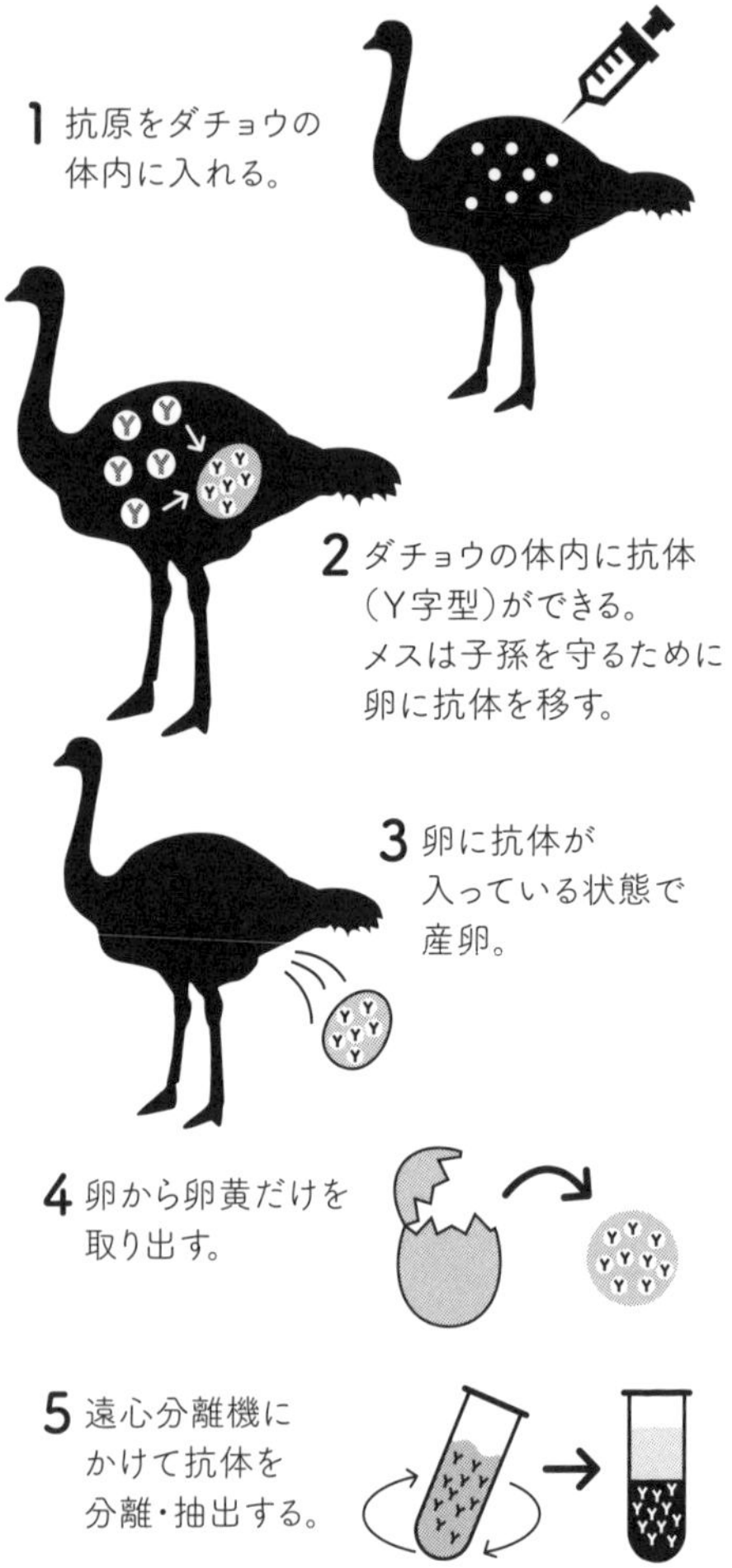
1 抗原をダチョウの体内に入れる。
2 ダチョウの体内に抗体（Y字型）ができる。メスは子孫を守るために卵に抗体を移す。
3 卵に抗体が入っている状態で産卵。
4 卵から卵黄だけを取り出す。
5 遠心分離機にかけて抗体を分離・抽出する。

てもダチョウにとっては異物なので、体内で抗体が作られます。ちなみに人間が注射しているワクチンも同じシステムです。毒性を弱めた抗原を体内に入れることで抗体を作るのです。

ダチョウのメスの体内では、子を守るために抗体が卵に送り込まれていきます。そうしてできた抗体入りの卵の殻を割り、まずは黄身と白身を分けます。第2章に書いたように、使うのは黄身のみです。残った卵白も何かに使えたらええんですけどね。今のところ白身のことは手つかずですわ。

黄身には脂肪やたんぱく質といった、いろんな成分が含まれています。そこで特殊な液体と混ぜて攪拌《かくはん》し、抗体が含まれている部分だけを取り出すために大きな遠心分離機にかけます。

できあがった抗体溶液を濾過《ろか》し、さらに純度を高める作業を行います。純度100%の抗体を取り出すにはだいたい5工程、おおよそ2日くらいかかります。

速くて安くて高品質、お得すぎる抗体

「速くて安い！　おまけに質は天下一品。めちゃくちゃお得ですわ」

ダチョウ抗体をひとことで言えば、そんなところです。

ダチョウ抗体が開発できるまで、抗体といえば、ウサギやマウス、あるいは培養細胞などから生成されるのが一般的でした。たとえばマウスから抗体を作る場合、ふつうは血液を使います。

あのちっこいマウス1匹から取れる血液の量を考えてみてください。それこそ、マウスですけどスズメの涙ですわ。いったい何匹分の血液を集めればそれなりの量になるのか。大量のマウスに注射する手間も馬鹿になりません。

人件費も試薬代もかかりますから、ウサギやマウスから作る抗体はかなり高額になります。取引価格は100マイクログラムで数万円。ということは、1グラムで億の値段がついてしまうわけです。

おまけに新しい抗体を作るのに、軽く1年くらいかかってしまう。ウサギやマウスは人間と同じ哺乳類なので、人間が反応しない異物には免疫システムが働きにくいなど、免疫システムそのものもダチョウに比べて脆弱《ぜいじゃく》だという弱点もあります。

そこへいくとダチョウの卵から取り出す抗体は質がいい。しかもお値段、1グラムで10万円程度ですよ奥さん！　卵1個から抗体は約4グラム採取でき、これでマスク8万枚が作れます。

そして注射をしてたった2週間で卵に抗体が出るわけです。抗体の大量生産という点では、ダチョウさんはウサギやマウスの比ではありません。もう、ダチョウさまさまといった感じです。

新しい抗体ができるのが速いという点は、感染症対策の上では大きなメリットです。新しい感染症が流行ったときいち早く対応でき、ワクチンや治療薬が完成するまでの間も人の命を守ってくれるからです。

新しいウイルスが登場したとき、ワクチンを完成させるにはかなりの時間がかかるのは新型コロナウイルスでみなさんもおわかりのことと思います。

その点、ダチョウ抗体の場合、ウイルスの遺伝子情報がわかれば、即作り始めることができます。おかげでＭＥＲＳやエボラ出血熱、新型コロナウイルスなど新しい感染症が流行り始めると、間をおかずに抗体を作ることに成功しました。

ワクチンなどの医薬品と違い、ダチョウ抗体を使えばマスクやスプレー、飴などにすぐ製品化してみなさんの命を守ることができます。さすがダチョウさん、いい仕事してくれはります。

熱に強いので加工しやすい

さいわいダチョウ抗体は、熱に強いという特性があります。熱に強いからサプリや調味料など、いろんなものに加工しやすく、応用範囲が非常に広いんですね。

最近、調理師免許を持っている女性研究員が、ダチョウ型グミの試作品を作ってくれました。当然ダチョウ抗体入りです。子どもを感染症から守りたいときにも使えそうですし、若い人にもけっこうウケるんちゃうかと期待しています。ただあの長〜い首は、グミにすると折れやすいんですね。なので首の短いちょっとずんぐりしたダチョウさんになってもうてますが、ダチョウさんはどんな姿になってもかわいいです。

抗体入りのダチョウの卵を料理して食べても効果があります。卵の味は、とくにおいしくもなく、まずくもなく、といったところですわ。卵黄にはわずかに硫黄臭がありますけど、これはエサを工夫したら消すことができます。卵焼きにしたら鶏卵のものとそれほど区別がつかないと思います。おいしくする技術があれば、けっこうええかもしれません。

ただ、熱を通すと黄身はふつうに固まりますが、白身は鶏卵ほどがっちり固まりません。半透明のままで白くはならず、ぶよ〜んとした感じで、グミみたいな触感です。ダチョウ型グミを作った研究員がメレンゲ作りに挑戦しましたが、細かく泡立たないので無理やったようです。

足立君は、だし巻き卵やプリン作りにもチャレンジしました。あんまり上出来とは

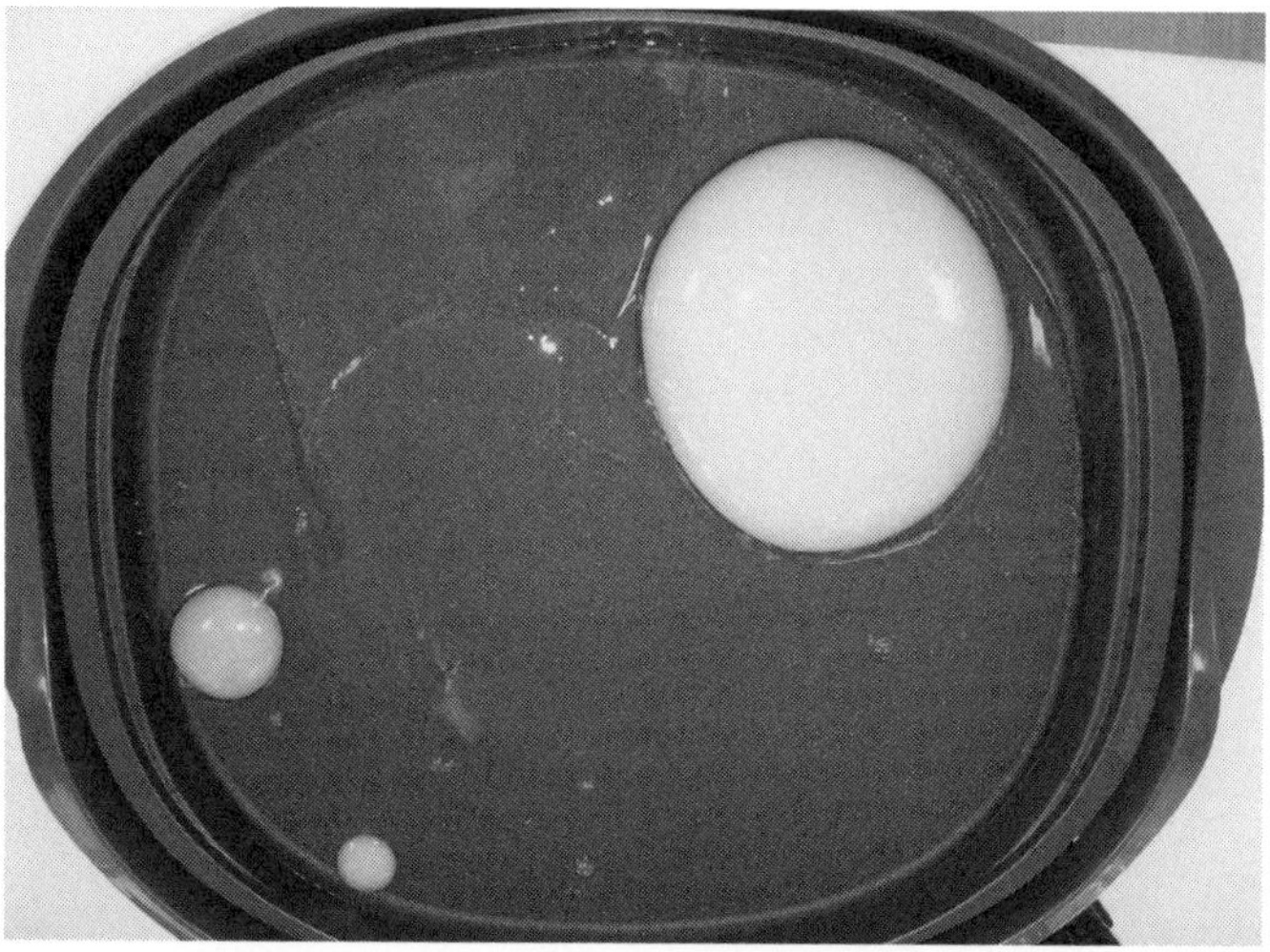

◎ダチョウの卵とニワトリの卵とウズラの卵をホットプレートで目玉焼きにしたところ。
ダチョウの卵の白身は半透明のグミのようになる。

いえへんものの、味は淡白で食べやすかったですね。ちなみに抗体入りのだし醤油はすでに製品化してます。

アトピー性皮膚炎の症状がなぜ緩和するのか

そろそろマスク以外の抗体利用製品もやらなあかんな。そう思って目をつけたのが化粧品です。

学生たちを見ていると、アトピー性皮膚炎で悩んでいる人がけっこう多いことに気づきました。とくに女性の場合、化粧をすることで肌の菌バランスがおかしくなり、アトピーが悪化することもあるようです。本人らも悩んでるようだし、「かわいそうやな。ダチョウパワーでなんとかしてあげられへんやろか」とずっと思っていました。

アトピー性皮膚炎は、アレルギー体質の人がなりやすいとされています。原因は複合的ですが、アトピーの人は皮膚の状態がアルカリ性に傾き、その結果、皮膚炎を引き起こす黄色ブドウ球菌が増加することがわかっています。黄色ブドウ球菌が出す毒素がかゆみの原因になり、ひっかくことでさらに悪化する。こうなるともう、無限ループの悪循環です。

◆ **事例1**_26歳女性

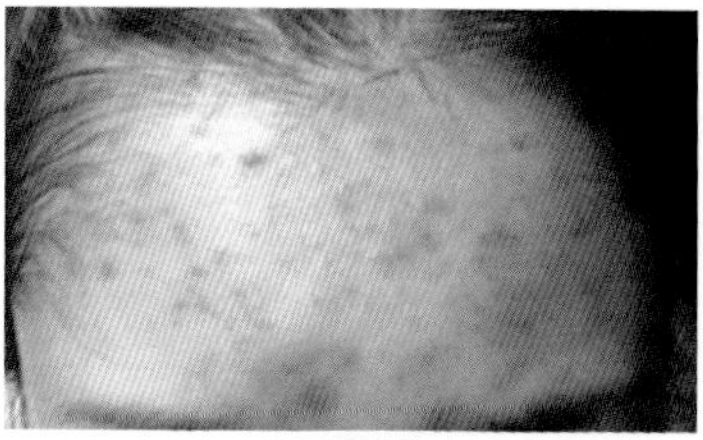

使用開始時

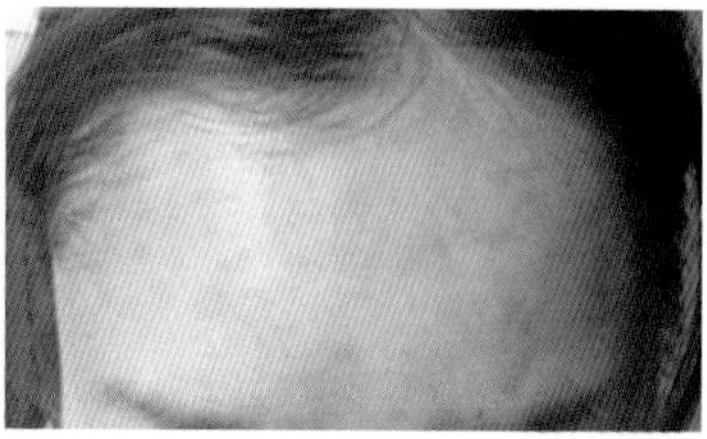

2ヶ月後

◆ **事例2**_26歳女性

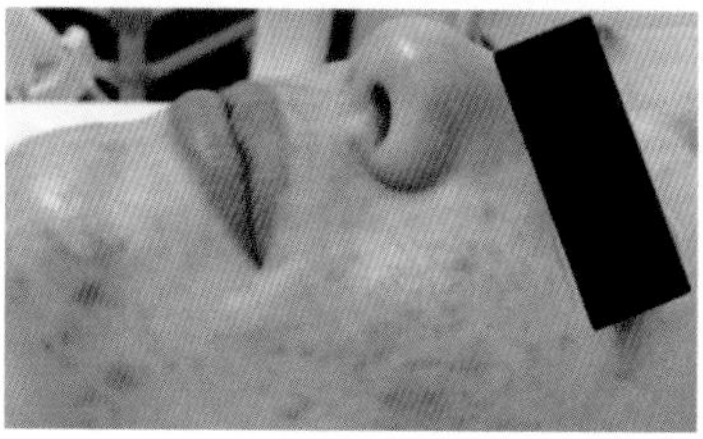

使用開始時

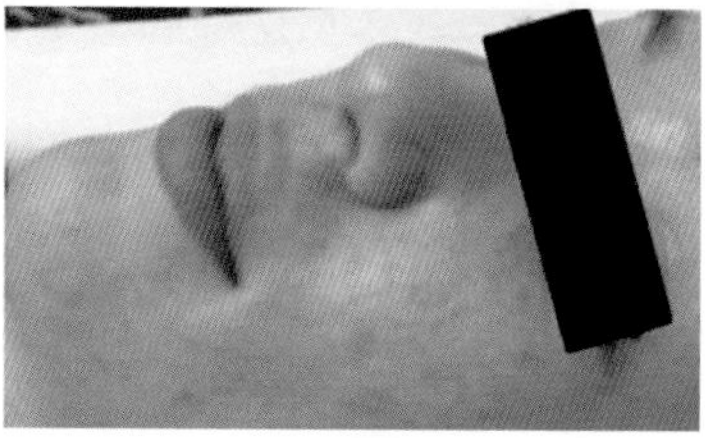

2ヶ月後

黄色ブドウ球菌とアクネ菌に対する、ダチョウ抗体を含む化粧品の使用事例。2ヶ月間毎日使用することで、ニキビの症状が軽減された。

◆ **事例1**_30歳女性

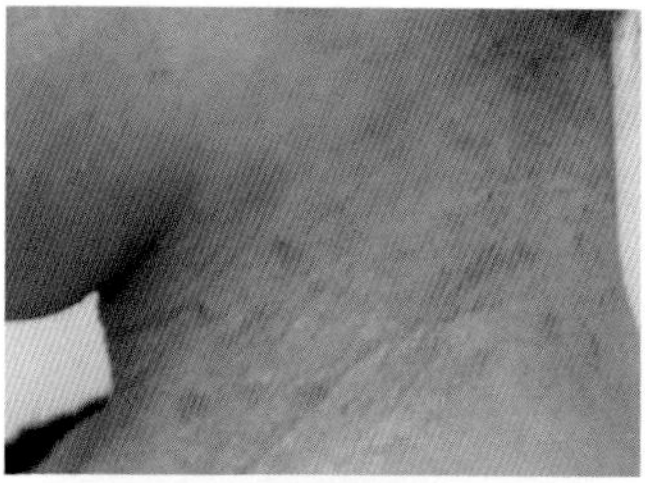

使用開始時

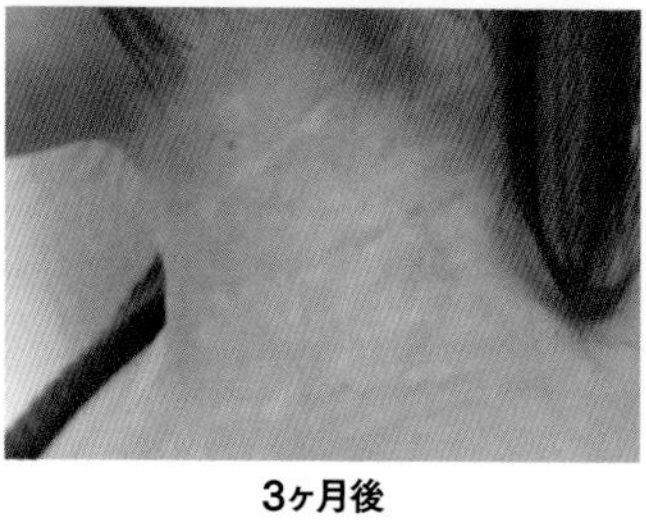

3ヶ月後

◆ **事例2**_38歳女性

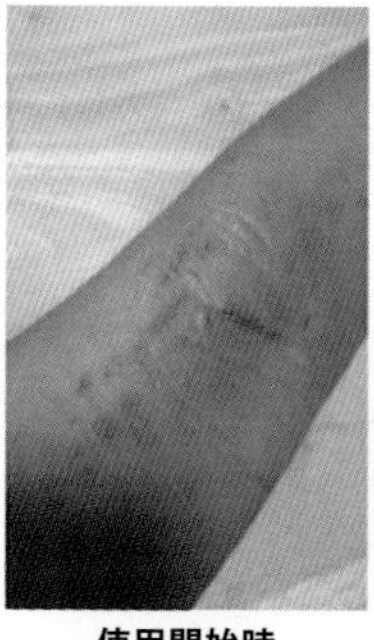

使用開始時

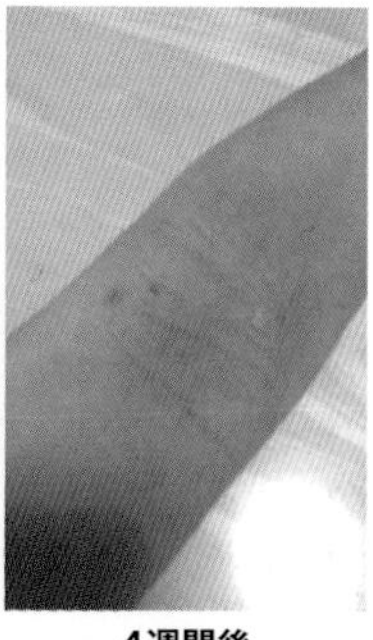

4週間後

アトピー性皮膚炎を引き起こす黄色ブドウ球菌に対する、ダチョウ抗体を含む化粧品の使用事例。アトピー性皮膚炎の症状が軽減された。

◆ **事例1**_40歳

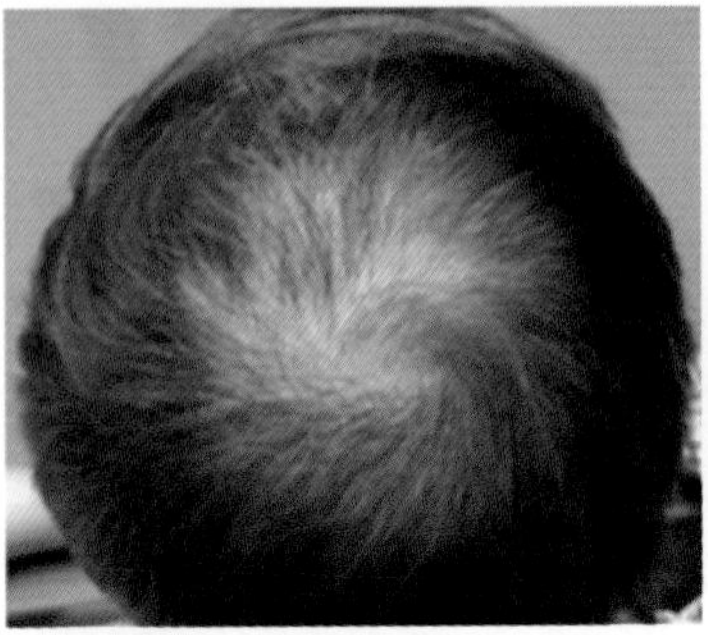

使用開始時

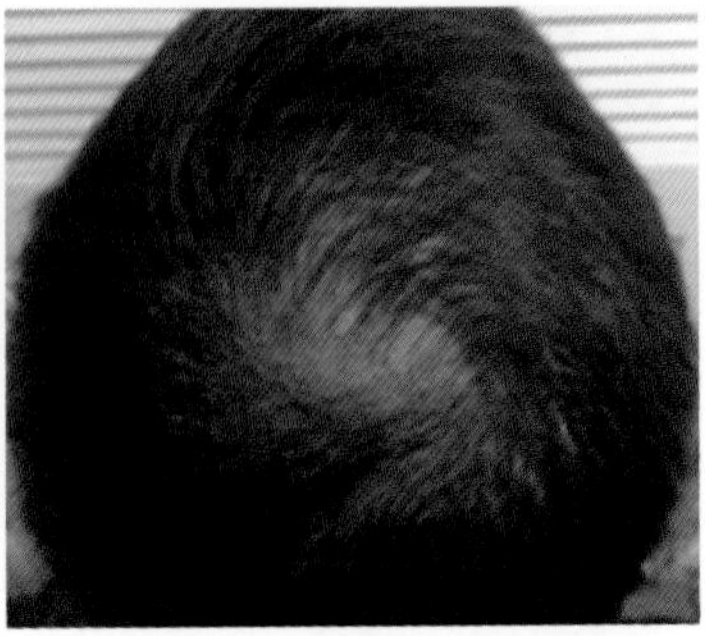

2ヶ月後

◆ **事例2**_75歳

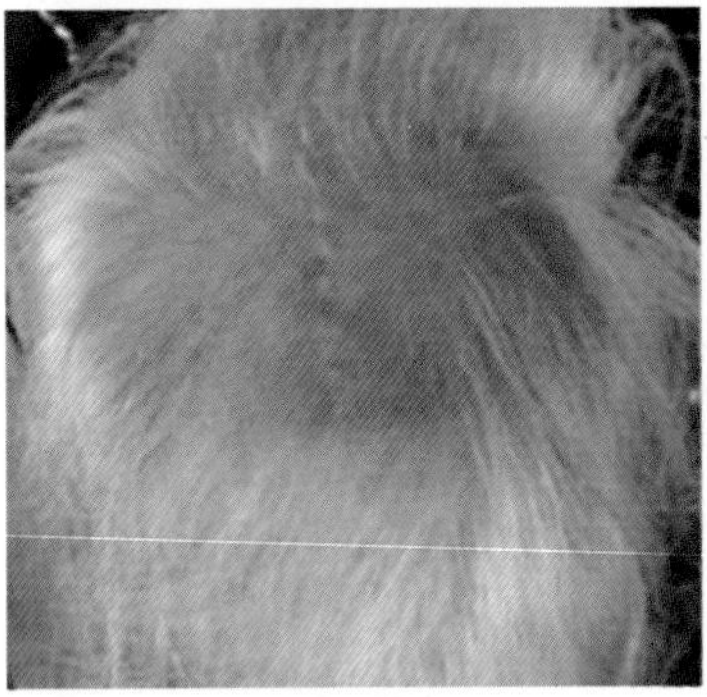

使用開始時

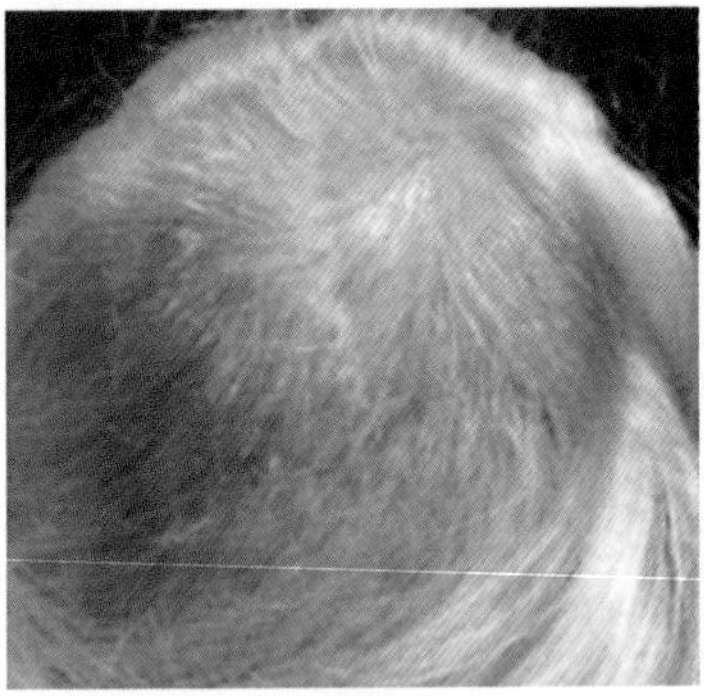

3ヶ月後

◆ **事例3**_67歳

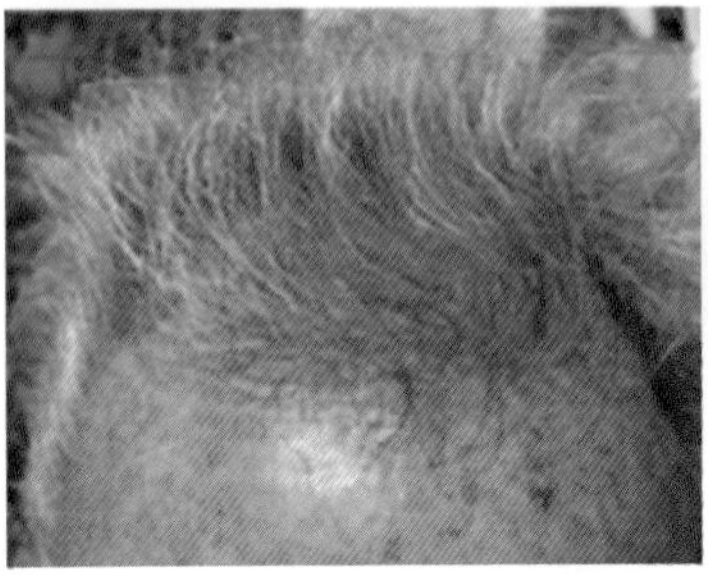

使用開始時

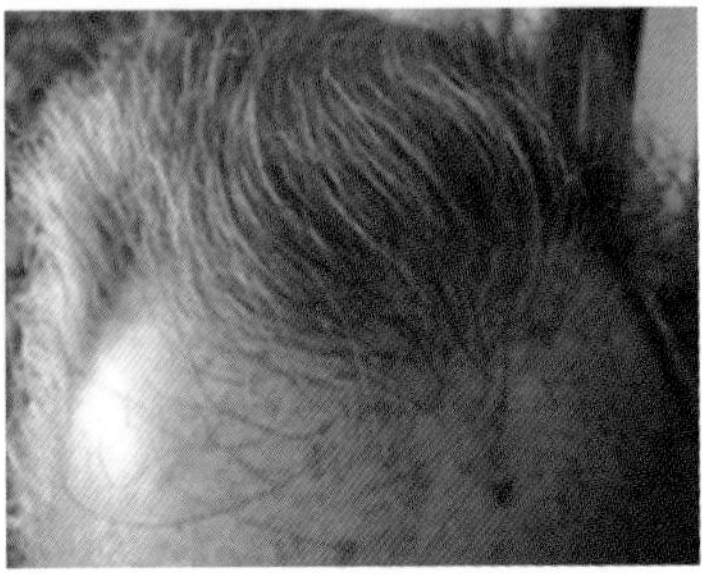

3ヶ月後

ダチョウ抗体を使った製品により薄毛が改善した事例。

実は、黄色ブドウ球菌に対する抗体はすでに作っていました。というのも、黄色ブドウ球菌はさまざまなペットや家畜に悪さをするので、獣医師としての必要性から作製を急いだんです。この抗体をワセリンなどに混ぜて、アトピー性皮膚炎の人に塗ってもらったらどないやろう。

大学の許可をとって学生に協力を頼むと、多くの学生が「使ってみたい」と手をあげてくれました。モニターの結果、なんと約9割の学生が「効果が認められた」と回答したんです。

「かゆくなくなりました」

「1週間で使い切ってしまったので、また新しいのがほしいです」

などなど。アトピー性皮膚炎の炎症がおさまったという声が圧倒的に多く寄せられました。

アトピー性皮膚炎の治療にはステロイド剤がよく使われます。ステロイド剤は炎症を抑える面ではとても効果が大きいんですが、副作用の心配もあります。できればステロイド剤を使いたくない、という声もよう聞きます。ステロイド剤を使わずに症状が緩和するなら、悩んでいる人にとっては強い味方になるはずです。

チャラい兄ちゃんと美容の世界に進出

アトピー性皮膚炎の治療薬を開発するには薬事法の高いハードルがありますが、化粧品なら多少ハードルが低くなります。化粧品会社をやっている知り合いに相談してみようかなと思っていたそんなある日、噂を聞きつけたと言って茶髪のチャラい兄ちゃんがやってきました。それが前田修《まえだおさむ》君です。

前田君はＩＴ関連の仕事をしているとかで、これまで化粧品にはまったくかかわったことがないと言います。キミはいったい何しに来たんや。一瞬目まいがしましたが、せっかく訪ねてきてくれた彼に礼儀として一応こう言いました。

「もしやるんやったら、ノウハウを教えるよ」

そこからが早い。数ヶ月でジールコスメティックスという会社を立ち上げたんですね。そして僕に頭を下げ、こう宣言したんです。

「ダチョウ抗体だけの化粧品の会社を作ったので、僕にやらせてください！」

その様子が、ほんまにびっくりするぐらい必死なんですわ。ヘンな話なんですけど、前田君からは死臭がする気がしたんです。

「キミ1回死んだんちゃう？」

よう知らん人にそんな失礼なことを言うてしまいました。

「なんでわかったんです？」

この返事には驚きました。なんでも20代の初め頃に車を運転していて横から当てられて、脳に障害を起こし、ずっと入院していたらしいです。

「長いこと死の淵をさまよってたんです。ようわかりましたねえ」

こじつけかもしれないけれど、僕は子どもの頃からずっと動物を飼っていたので、直感である程度、健康状態とかわかるんですね。目の様子や皮膚の具合、全身の雰囲気からけっこう読み取ることができる。よく漢方医は、まず患者さんの様子を見て状態を読み取るといいますし、それと似ているかもしれません。

前田君を見ていて、1回死にかけた人間やから強いのかな、と感じました。何があってもへこたれへんし、前に進もうという気持ちがごっつ強い。フットワークがよく、決してネガティブな発言をしません。「それは無理ちゃいますか」「でけへんと思います」といった言葉は聞いたことがありません。

そういう人には、ダチョウの神様が味方してくれはるような気がするんです。

ニキビ、シワ、シミ……肌の悩みに効果てきめん

前田君とまず製品開発を進めたのは、主にアトピー性皮膚炎とニキビに対応する商品でした。どちらも深刻に悩んでいる人が多いので、なんとか助けてあげたいと思っていました。

アトピー性皮膚炎の人向きの化粧品には、抗黄色ブドウ球菌抗体のほか、抗ハウスダスト抗体も配合しました。アトピーの人はアレルギー体質の人が多いので、アレルゲンになりやすいハウスダストへの対策も必要だと考えたからです。ニキビに悩んでいる人のための化粧品には、抗アクネ菌抗体を配合しています。

これらの商品は製品化から7年が過ぎ、今では「アトピーに苦しんでいたのに皮膚を掻《か》かなくなった」とか、「長年悩んでいた大人ニキビが治った」という声がたくさん届いています。約6割の人の皮膚トラブルが改善したという調査結果もあり、おかげさまで好評を博しています。

次に注目したのがアンチエイジングの分野です。たとえば「セラミド」。化粧品の広告にもよく出てくるので、女性はセラミドという言葉になじみがあるんやないでし

ょうか。

肌の角質は、何層もの角層細胞が重なってできています。その細胞どうしのすき間を満たし、つなぎとめているのがセラミドです。

セラミドが少なくなると肌のバリア機能が低下して、肌が荒れたりシワができたりしてしまいます。逆にセラミドがたっぷりあると皮膚の水分の蒸発が抑えられるので、モチモチ肌が保てるというわけです。

セラミドを分解してしまうやっかいなヤツが、セラミダーゼという酵素です。さっそく、抗セラミダーゼ抗体をダチョウさんに作ってもらいました。こうしてできた抗体入りの保湿クリームは、塗るとセラミドの減少を抑えられ、皮膚のカサツキを防ぐことができるという優れものです。

肌のことでは美白も女性にとって大きなテーマです。最近は男性でも気をつけている人が増えてきています。シミを減らしたい、シミができるのを防ぎたいという声をよう聞きます。これもダチョウさんの力で叶えることができるんですわ。

紫外線を浴びると、皮膚を守るためにメラノサイトという細胞でメラニンが作られ、それが皮膚に押し上げられてきてシミになります。このしくみをブロックするダチョウ抗体（抗メラニン美白抗体）を使えば、日焼けやシミを抑えることができます。

基礎化粧品に抗セラミダーゼ抗体や抗メラニン美白抗体を加えると、肌のうるおいを保ち美白効果もある多機能化粧品ができます。そのあたりも、ジールコスメティックスで次々と製品化が進んでいます。

がん治療薬は早く完成させたい

メラニンを阻害する抗体作りに成功したことから、メラノーマ（悪性黒色腫）という皮膚がんに対応する道も見えてきました。メラノーマは白人がかかりやすい病気で、とくにオーストラリアでの患者数が多いことで知られています。

今はまだメラノーマの発生そのものを止めるのは難しいですが、メラニンを抑制する抗体と、がんが転移する際に出るたんぱく質の働きを無力化する抗体で、がんの転移を抑制できるはずです。

メラニンやメラノーマの抗体を含んだ日焼け止めクリームを、オーストラリアで役立ててもらえたらと願っています。

現在は大阪のドラッグストアや、美容クリニックなどでも販売されていますし、アメリカやフランスでも「UBUNA」というブランドを立ち上げて販売しています。

僕は大学院時代、がんの転移に関する研究もしていました。がん細胞が転移する際、特殊なたんぱく質ががん細胞から出ることがわかっています。これが、ニワトリの砂肝から分泌されるギセリンという物質とほぼ同じだということを突き止めたのです。そんなことから、がんについての研究は僕にとってライフワークの1つでもあるわけです。

なるべく早く成功させたいのが、ダチョウ抗体を使ったがん診断キットやがん治療薬です。抗がん剤は日進月歩で、すばらしいものも多く出ていますが、正常な細胞にまでダメージを与えるというデメリットがあります。おそろしく高額なものも少なくありません。

ダチョウ抗体を使った治療なら、本人の免疫力を利用することができます。安価なのも大きなメリットです。今はまだマウスを使った実験段階ですが、かなりいい結果が出ています。

治療薬として認可されるまでには、まだまだ関門がたくさんあり、長い時間がかかるでしょう。でもいつの日か、抗がん剤とダチョウ抗体を併用する治療法が確立すると思っています。

薄毛に悩む方は早めにお試しを

前田君のジールコスメティックスと組んで出した最近の自信作は、薄毛に効くヘアケア製品です。

抜け毛や薄毛の悩みは古今東西変わりません。真剣に悩んでいる人が多いからこそ、「このハゲっ!」だなんて連呼してると相手を深く傷つけてしまうわけです。

抜け毛や薄毛のメカニズムは1通りではなく、ストレスが原因のこともあれば、男女でもメカニズムが違います。

女性の場合は女性ホルモンのエストロゲンが減少することで薄毛になることがあります。男性の場合、わりと多いのが、毛根を弱らせるホルモンが生成されることで薄毛になるケースです。

実はダチョウ抗体で、毛根を弱らせるホルモンの生成を抑制することが可能なんです。そこで抗薄毛抗体と、頭皮環境正常化抗体を配合したシャンプーや、スカルプケア用のトニックの販売を始めました。このシャンプーを使うと毛根が元気になり、毛が生えてくるんですね。

ただしハゲる理由やメカニズムはいろいろあるので、残念ながらすべての人に効くわけではありません。先行して売っていたアメリカでの調査によると、ダチョウ抗体入りのシャンプーを使った人のうち、6割程度の人には何らかの効果があると出ています。けっこう高い割合ですが、4割の人は効果を感じなかったとも言えます。

〝毛生え〟に関しては、とかくみなさん期待が高いぶん、裏切られたと感じはるんですね。

「なんや！　看板に偽りアリやないか」

そんな抗議がくることがあります。

「ですから、毛根が弱るホルモンが出てはるタイプの人にはよう効くんです」

なんぼそう説明しても、怒りのあまり頭から湯気が出ている感じです。

でも6割の人に効果が見られたというのは、相当高い確率です。悩んでいる人は、使ってみる価値はあると思います。

ちなみに僕のオヤジは、まるでヘルメットをかぶってるみたいなツルッ禿げでした。そこまでいってしまうとすでに毛根自体がなくなっているので、さすがのダチョウ抗体もお手上げです。「ちょっと薄なったんちゃうか？」と不安になったら、早めに手を打ったほうがいいと思います。

腸まで届くのは酸に強いから

今や大阪のおばちゃんの代名詞にもなっているのが「飴ちゃん」です。ポケットやバッグに飴ちゃんを入れて持ち歩いて、何かあると「飴ちゃんあげよか」「飴ちゃんもってきィ」と言うてくれはるんです。最近は飴ちゃんポーチまで売り出されてるくらいです。

そやったら、ダチョウ抗体入りの飴ちゃんも作ったろか。そう考えるのが関西人としての正しい道です。花粉症も楽になるし、食中毒やインフルエンザの予防にもなる。こんなすごい飴ちゃん、世の中にそうそうないと思います。もちろん2020年からは新型コロナウイルスへの抗体も入れときましたわ。

ダチョウ抗体入りの飴ちゃんを舐めていると、口や鼻からウイルスや菌などが入ってきたとき抗体がキャッチして不活性化してくれるわけです。インフルエンザやコロナウイルスはまず喉や鼻の粘膜にとり付くので、入り口で防御することは大きな意味

◎ダチョウ抗体入りの飴。

があります。

飴ちゃんは熱を加えて作らなアカンので、これが作れるのもダチョウ抗体が熱に強いからです。そしてダチョウ抗体は熱に強いだけではなく、酸やアルカリにも強いという特徴があります。だから幅広く製品利用することが可能なんです。

たとえば化粧品は、ヒトの肌に合わせて弱酸性にする必要があります。酸に強いダチョウ抗体なら、弱酸性にしても効果を損ねることがないんですね。

一方、僕らの胃の中には胃酸があり、かなり酸性が強い状態です。だからふつう、動物由来の抗体は口から飲むと胃の酸でダメになってしまいます。でも、ダチョウ抗体ならその心配がありません。最難関の胃を無事に通り抜けて、腸まで到達してくれるんです。だからダチョウ抗体入りの飴やサプリを口から入れると、胃や腸まで守ってくれるわけです。

ダチョウも花粉症になる

ここまでちらちらとダチョウ抗体マスクや飴は「花粉に対応」と書きましたが、お気づきでしょうか。なんと花粉症にも効くんです、ダチョウ抗体。

ことの始まりはマスクを売り出してしばらくした頃でした。

「あのマスク着けてると花粉の季節も楽なんや」

「くしゃみも鼻水もあんまり出んようになった」

という声が届くようになったんです。それを聞いて、僕はある不思議な現象を思い出しました。

ダチョウは滅多に病気にならへんし、大ケガをしてもすぐに治ります。それなのに、なぜか春先になるとなんとなく瞼《まぶた》が腫《は》れるダチョウさんがいてるんで、ちょっと気になっていました。

瞼といっても、人間の瞼みたいに上からかぶさるものとは違います。全力で走るときなんかに、瞬膜《しゅんまく》（正式名称は第三眼瞼《がんけん》といいます）という半透明の膜が眼球の上をカバーするんです。風圧やホコリから目を守るためのシステムなのでしょう。

その瞬膜を腫らしているダチョウさんがいるので、もしかしてと思って血液検査をしてみると、花粉アレルゲンに対する抗体が見つかったんです。つまり花粉症です。普通、鳥類はアレルギーにならないというのが定説なんですが……。

あの丈夫なダチョウも花粉症になるなんて！　森の中で飼っていて、絶えず花粉にさらされているせいでしょうね。ちょっとした驚きだったし、そんな弱みがあると思うと、ますますダチョウさんがかわいく感じられました。

ダチョウ抗体で花粉症がラクになるしくみ

同時に「これはいけるんちゃうか」とピンときました。

ここ20年ほど、花粉症に悩まされる人の数がずいぶん増えています。大学でも春先になると学生たちが鼻をぐしゅぐしゅ。よう鼻かんでるし、くしゃみもよう聞こえます。抗アレルギー薬などを処方してもらっている人も多いですが、眠くなるとか喉が渇くとか、副作用がつらいので薬は飲みたくないという声もよく聞きます。

花粉によるアレルギー反応は、こんなふうにして起こります。

花粉という異物が体に侵入した際、「これは敵や！」と免疫細胞が判断すると、IgE抗体というものが生まれます。その後、再び花粉が体内に入ると、鼻や目の粘膜で門番をしているIgE抗体が花粉アレルゲンと結合することで、ヒスタミンなどの化学物質が分泌されます。この化学物質が、目のかゆみやくしゃみなどを引き起こすわけです。

そこで、ダチョウ抗体を使ってこんな比較実験をしました。Aの濾紙《ろし》には、花粉アレルゲンをしみ込ませておきます。Bの濾紙には、花粉アレルゲンをしみ込ませ、さらに花粉症のダチョウの卵から作った抗体を添加します。

花粉症の人の皮膚にAの濾紙を塗布すると、1時間後には皮膚が赤くなり、アレルギー反応が起こります。ところがBの濾紙を塗布した場合、アレルギー反応が起きないのです。ダチョウ抗体が抗原である花粉アレルゲンと結合するため、人の皮膚でのアレルギー反応を抑制するんですね。だからダチョウ抗体マスクは花粉症の人にも役に立つんです。

実験結果を公表すると「花粉症が楽になるマスク」として話題になり、ダチョウ抗体マスクはさらに注目されるようになりました。

「いやいや塚本先生、花粉はウイルスより粒子が大きいから、一般の不織布マスクでもガードできるんちゃいますか？」

そう言わはるのももっともです。でも一般のマスクには、ちょっとした落とし穴があるんです。

マスクをしていると、口元の湿度が上がりますね。たぶん90％くらいになるんやないでしょうか。するとマスクそのものにも水分が含まれてしまいます。

スギやヒノキの花粉は、水分と接すると被膜が破裂して、中からアレルゲンが飛び出すという性質があります。そのため一般的なマスクでは、ふよふよと飛んできた花粉が表面につくと、マスクの中の水分に反応して、花粉の被膜が破裂する危険性が高いんです。これではマスクを着脱する際に、アレルゲンに触れたり吸い込んだりする危険性が高まってしまいます。

ダチョウ抗体マスクの場合、花粉の被膜が破れてアレルゲンが放出されても、フィルター表面に配合されたダチョウ抗体と結合します。するとＩｇＥ抗体が反応することがなくなり、ヒスタミンなども放出されません。ですから、花粉症の症状を抑制できるというわけです。

万病の元・歯周病とも闘ってくれる

近年、歯周病が糖尿病や脳梗塞、心筋梗塞、認知症の原因になることが明らかになってきました。歯周病は万病の元、これはなんとかせなあきません。

虫歯の原因はミュータンス菌、歯周病の原因は歯周病菌です。だからたいていの歯磨き粉には殺菌成分が入っていますが、殺菌というのもなかなか難しいもんなんです。ミュータンス菌や歯周病菌だけでなく、口の中のいろんな菌もついでに殺菌してしまいます。ええ話のようで、実はそうやないんです。

最近、腸内フローラとか善玉菌、悪玉菌といった言葉をよう聞きませんか？　実は口腔内にも善玉菌と悪玉菌がいて、口内フローラを作っているんです。腸内と同じで善玉菌と悪玉菌がうまいことバランスが取れていると、口内の健康を保っていられるわけです。だから菌を全滅させてバランスを崩すのは望ましくないんですね。

そこでダチョウさんの登場です。ダチョウから作った抗ミュータンス菌抗体や抗歯周病菌抗体は、ミュータンス菌や歯周病菌にのみ結合して、不活性化してくれます。ですからダチョウ抗体原料入りの歯磨き粉や口腔ケア用品は、善玉菌を傷つける心配がないんです。

言ってみれば、殺菌ではなく〝整菌〟といったところでしょうか。そんなふうにピンポイントで狙ったウイルスや菌に効くところが、ダチョウ抗体の大きなメリットやと思います。この特徴のおかげで、抗生物質の弱点をカバーすることも可能なんです。世界初の抗生物質ペニシリンが作られたのは１９２８年。今から１００年ほど前です。その後作られたさまざまな抗生物質は多くの人命を救い、感染症から人間を守りました。

ところが近年、抗生物質が効かない耐性菌が問題になっています。それに抗生物質は有用な腸内細菌も殺してしまうので、いったん菌がなくなったところに悪いヤツが入ってくるとそれが優位を占めて、悪さをしてしまうこともあるんですね。これは菌交替症と言われており、抗生物質の弱点とされています。

ダチョウ抗体は、経口で服用しても胃酸でやられることなく、腸まで届いてくれます。そして悪いヤツだけ叩いてくれるので、有用な腸内細菌を守ることができるわけです。

昨今、腸内フローラについての研究もどんどん進んでいます。この先、ダチョウ抗体を使った治療も進んでいくんやないでしょうか。

iPS細胞とのコラボ

近々、iPS細胞の研究にもダチョウ抗体が使われるという話があります。

iPS細胞とは、細胞を培養して作る人工的な幹細胞です。体のあらゆる組織に成長できる万能な細胞ということで、再生医療への利用が期待され、作製に成功した京都大学の山中伸弥教授は2012年にノーベル医学・生理学賞を受賞しました。

iPS細胞は培養細胞なので、培養液が非常に重要です。ダチョウ抗体を使うことで培養液内の不純物を取り除く試みが始まろうとしています。

とはいえ、iPS細胞はまだ本格的な実用化には至っていません。培養液にダチョウ抗体を使いたいと言ってきたベンチャー企業も、採算面ではまだまだ見通しが立っていないようです。

ただ、ダチョウ抗体はお金をあまりかけずに質のいいものを作れるので、さまざまな用途に応用できるのは事実です。この先、多彩な研究と結びついて、いろんな分野でダチョウパワーが発揮されることになるでしょう。

多くの人の知恵が集まることでダチョウさんは僕の直感や想像をはるかに超えた活躍をしてくれるんやないか。ダチョウパワーの将来が楽しみです。

アメリカ陸軍もダチョウパワーに驚いた

ダチョウ抗体の大量生産が可能になって以来、世界各国のさまざまな機関から注目されるようになりました。国境を越えた共同研究やプロジェクトも始まっています。それぞれかかわり方に違いはありますが、今までダチョウ抗体を介しておつきあいをした国は、通算12ヶ国。ダチョウ抗体入りの製品を扱っている国を加えると、もっとたくさんになります。

アメリカとのご縁が生まれたのは2014年、エボラ出血熱がきっかけでした。エボラ出血熱のウイルスが最初に発見されたのは1976年です。最初の感染者の出身地だった当時のザイールのエボラ川からこの名がつき、以来、致死率の高さで恐れられています。

その後、数年おきに突発的に流行を繰り返していましたが、その頃はアフリカの病気だと思われていたんですね。ところが２０１４年、西アフリカのリベリアからアメリカに帰国した男性がエボラ出血熱に感染していることがわかり、世界中に激震が走りました。

感染症の研究で知られるアメリカ陸軍感染症医学研究所（ＵＳＡＭＲＩＩＤ《ユーサムリッド》）は当時、エボラ出血熱について研究を進めていて、アフリカでの支援も行っていました。そのＵＳＡＭＲＩＩＤが着目したのが、ダチョウ抗体だったんです。

エボラ出血熱ウイルスを不活性化するダチョウ抗体は、２０１４年に完成しています。その抗体をスプレーに配合したものも僕がすでに製品化していて、ＵＳＡＭＲＩＩＤは「イイネッ！」とすごく驚いていました。

そんな経緯で、このスプレーは海外のあちこちの空港で使われました。ウイルスが国に入るのを防ぐ最前線で、ダチョウさんが活躍してくれたわけです。ＵＳＡＭＲＩＩＤとは「エボラ治療薬の開発も一緒にやろう」ということになりました。

２０１５年、ＵＳＡＭＲＩＩＤから、今度はＭＥＲＳの抗体がほしいと連絡がありました。連絡を受けて２週間のうちに大量の抗体を持っていったら、あまりの早さに驚かれました。内心「ダチョウパワーを見くびらんとってや」と思いましたが、そこは僕もオトナです。「That is the power of ostrich!（これこそがダチョウパワーというものですわ、アハハハ）」と鷹揚《おうよう》に、でもちょっと得意そうに言っときましたわ。

そんなご縁から、USAMRIIDと共同研究を進めています。具体的には、生物兵器によるテロ攻撃に備えたワクチンや、防毒スプレーの開発に取り組んでいます。

陸軍といえば、いわばアメリカの本丸とも言うべきところです。ダチョウ軍団は、ついにそんなところでも力を発揮することになったというわけです。僕の頭の中では、迷彩色のヘルメットをかぶったダチョウ軍団がダッダッダッと前進していく映像が思い浮かんでいます。

アリゾナに作った3000羽のダチョウ帝国

アメリカではハーバード大学とも共同研究をしています。ハーバード大学の関連病院では、ダチョウ抗体を用いた院内感染の予防の治験も始まりました。

クロストリジウム・ディフィシルというバクテリアは院内感染の原因になり、人を死亡させることもあります。そのバクテリアを抑えるための臨床試験を、目下ハーバード大学と共同でやっているところなのです。

そのためにボストンに会社も設立しました。さらには効率的にダチョウ抗体を精製するため、アリゾナにダチョウ牧場も作りました。

精製したダチョウ抗体を海外に送ろうと思っても、その国の法律で制限がかかることもあるし、時間もコストもかかります。できればその土地々々でダチョウを飼って、抗体を現地生産したほうが効率的です。

だからアリゾナには目下、３０００羽のダチョウがいてます。アメリカで何らかの緊急事態が起きたとき、すぐに対応せなあかんので、このくらいたくさんのダチョウさんに待機してもらったほうが安心です。

日本でも５００羽飼《こ》うてるので、アリゾナの牧場のダチョウと合わせると相当な数です。こうなるともう、ダチョウ帝国の王様にでもなった気分です。世界中見渡しても、ここまでダチョウをたくさん飼い、ダチョウと深くかかわってる人間はほかにいないんやないでしょうか。

アフリカの子どもに飴ちゃんを

ハーバード大学との共同研究はほかにもあって、アフリカでの感染症対策についても研究を進めています。

アフリカではコレラ、腸チフス、A型肝炎、赤痢、大腸菌などによる下痢で脱水症状になり、命を落とす子どもも少なくありません。

アフリカなど感染症が多い地域は、医療体制があまり整っていないのはみなさんご存じかと思いますが、そもそも地域性の強い病気の場合、ワクチンや治療薬が開発されない場合が多いのです。ワクチンや治療薬の開発には莫大な費用がかかるので、風土病のような限定された病の薬を開発するのはコストが合わないんですね。

そこで、アフリカの子どもがよく罹《かか》る病原菌の抗体をまとめて飴ちゃんに入れて、子どもに舐めてもらうプロジェクトが始まりました。飴ちゃんなら子どもが手軽に口にできるし、それほどコストをかけずに大量に作ることができます。

しかしアフリカでの飴ちゃんプロジェクトはなかなか一筋縄ではいきません。ある日本人青年が大学を中退してまでアフリカ南東部のモザンビークに行ってくれたのですが、現地で強盗に遭い、鮐ちゃんも含めて持ち物すべて盗まれてしまうという惨事に見舞われてしまいました。そんなふうに治安も悪い土地柄なので、プロジェクトを軌道に乗せるのは、これからです。

アリゾナにダチョウ牧場を作ったみたいに、アフリカのケニアやザンビアでもダチョウ牧場を作って、抗体を作らせるのが理想です。

もともとダチョウはアフリカの鳥なんです。里帰りしてアフリカの人たちのお役に立てるなら、ダチョウ冥利に尽きるとダチョウさんも言うてる気がします。

ただ、これも課題があります。飼ってるダチョウを人が捕まえて食べてしまう可能性が大きいのです。以前、モンゴルで飼育を始めたときも、あっという間に盗られて食べられてしまいました。

こんな話もあります。僕の学生時代の先生が、国際協力機構（ＪＩＣＡ）の派遣でザンビア大学の獣医学部に教えに行っていたときのことです。

狂犬病に罹った牛が出てしまったので、病原菌が広がらないよう思いっきり大きい穴を掘って埋めたそうです。ところが次の日には穴が掘り返されていて、牛の死体は影も形もなかった。現地の人が食いよったんですね。狂犬病の牛を、ですよ。

そのくらい貧困で食料不足が深刻や、ということです。衛生教育が行き届いていないためでもあります。そやからアフリカでのプロジェクトは、なかなか前途多難です。

でも、諦めたくはありません。

リオ五輪での夜の安全を守った!?

感染症は世界のあちこちで、次々と生まれています。２０１６年のリオデジャネイロ五輪の頃は、ジカウイルス感染症が心配されていました。

ジカウイルスというのは蚊を媒介にしたウイルスで、ウイルスを持った蚊に吸着されることで感染します。ヒトからヒトへの感染はまれですが、母親から胎児に感染したり、性交渉によっても感染すると言われていました。感染すると発熱、頭痛、関節痛、発疹などが起こるほか、妊婦が感染すると胎児に異常が起きることが知られています。

五輪は世界のあらゆる国や地域から来た人が一堂に会する祭典です。万が一ジカウイルス感染者がいて、その人との性交渉があれば、世界中にウイルスがバラまかれる最悪の事態になりかねません。

そこで実は、リオ五輪に参加した日本の選手団には、ダチョウパワーが込められたコンドームやラブローションが持たされました。ジカウイルス対応の抗体をダチョウさんに作ってもらったわけです。

選手のみなさんはちゃんと使ってくれはったやろか？　パッケージは開けづらくなかったか？　においは気にならんかったか？　まさかまさか、破れたりはしてへんですよね？　開発者としては当然リサーチをしたいやないですか。だから選手にはアンケート調査をお願いしておいたんですが、回答してくれはった人はなんとゼロ！　もうがっかりですわ。

でもよう考えてみたら、誰が自分の下半身に関する秘密を正直に答えてくれるんか、という話です。残念ながらこれに関しては使ってくれたのかどうか、まったくわかりませんでした。

痩せるサプリも商品化済み

ダチョウさんは、人間の切なる願いを叶えてくれる可能性も秘めています。「もうちょっと痩せたい、できれば運動も食事制限もせずに……」と願っている人、多いですよね。テレビも雑誌も本も、常に新しくてラクで効果のあるダイエット法を探し求

ダチョウ抗体入りサプリのしくみ

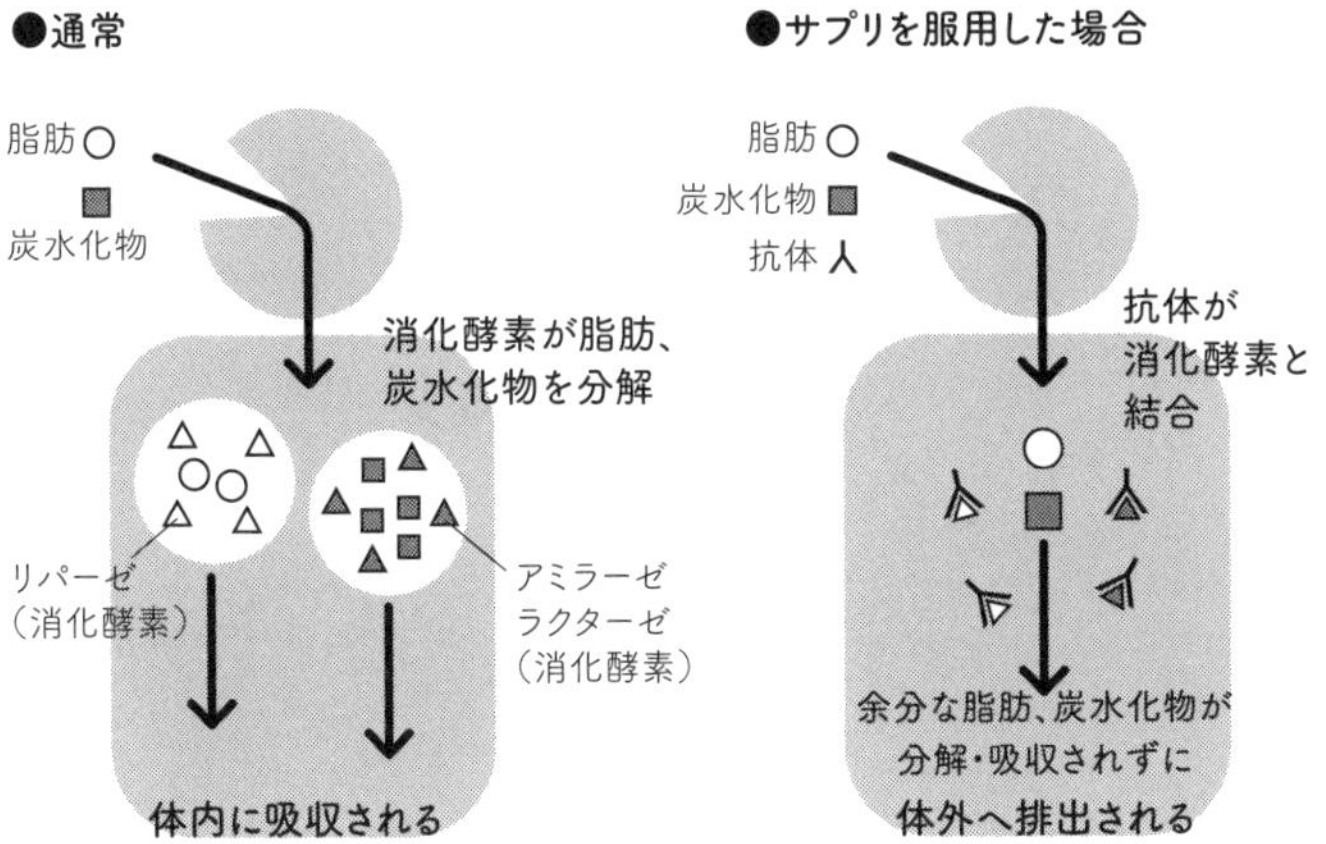

めている感じがします。

そんな願いを持つ方に朗報ですよ。実はこれも、すでに商品化済みです。消化酵素をブロックする抗体入りのサプリメントパウダー。ひとことでいえば「痩せるサプリ」です。

炭水化物や脂肪分は、体内に入ると消化酵素によって分解されて体に蓄積されていきます。このとき、ダチョウ抗体によって消化酵素の働きをブロックすると、炭水化物や脂肪分が分解されませんから、体に吸収されずにそのまま排出されるというしくみです。

ただしこの夢のサプリにはちょっとした難点があることをお伝えせなあきませ

ん。脂肪が分解されずそのまま排出されるということは……脂肪便という白っぽくて少し気色悪いウ〇チになります。

「なんやこのサプリ！　へんなウ〇チが出るやないの！」

と訴えてこられる方がときたまおられます。摂った脂肪が吸収されずにそのまま出てきているということだから効いている証拠なんですが、慣れるまでちょっと辛抱してください。

理論的には実現可能な、禁断の利用法

さて、ここからは禁断の領域です。可能ですが手を出したらアカン分野と言ってもええかもしれません。

禁断の領域とは、ずばり「媚薬《びやく》」です。発情を促す薬ですね。むらむらする薬です。塚本は上品な人間やというイメージを崩したくないので、それ以上のことは僕の口からは言われしまへん。

人間など哺乳類の鼻の奥には、鋤鼻器《じょびき》（ヤコブソン器官）という器官があります。これは実は、フェロモンを受容する器官なんです。

人間は、性的に興奮したり発情したりするのを理性で抑えています。しかし鋤鼻器を刺激する抗体入りのスプレーなどがあったら、人間も発情する率が高いはずです。もしそんなものが完成したら、モテない人もモテてまうかもしれへんし、お目当ての相手をその気にさせてしまうことだってあるわけです。まさに悪魔の薬。禁断のスプレーです。そやから「先生、ぜひ作ってください」とか言わんとってください。

もう1つ、やったらアカン領域が男女の産み分けです。理論的には決して不可能やないんです。精子は、将来的に女性になるものと男性になるもので、微妙な違いがあることがわかっています。そのわずかな違いに対応するようダチョウ抗体を使えば、受精した際、どちらかの性に振れる結果が出ます。

実際、家畜の世界ではこの技術が使われています。たとえばホルスタインの場合、ミルクを取るのが目的なので、メスが生まれてこないと意味がないわけです。牛はほぼ人工授精で妊娠させますが、精子が入ったチューブにダチョウ抗体を入れることで、産み分けが可能になります。理論的には、それを人にも応用できるはずです。

しかし以前、アメリカで人間の産み分けの話をしたらえらいバッシングに遭ったことがありました。やはり最大のタブーやな、と実感した出来事でした。

コラム

塚本学長の鳥まみれ日記③

鳥はけっこう嫉妬深い

つがいを作ると絆《きずな》が強くなる鳥は、ラブバードと呼ばれます。コザクラインコやボタンインコなどは、ラブバードの代表的な鳥です。英語の名前は、コザクラインコがRosy-faced Lovebird。キエリボタンインコはYellow-collared Lovebird。名前にまでラブバードと入っているんです。ペアで飼うと、お互いに羽繕いをしたりいちゃいちゃしたりする様子が、なんとも微笑ましいもんです。

ラブバードは社会性に富んでいて愛情深いので、一生懸命世話をすると人間にもようなつきます。それがかわいいからペットとして人気があるんでしょうね。コンパニオンバードなんて名前で呼ばれることもあります。

ただ愛情深い分、嫉妬も半端ないんです。

子どもの頃からいろんなインコを飼ってましたが、よく鳥たちが僕の取り合いをしてました。僕がある鳥をかわいがってると、よく嫉妬されたもんです。

嫉妬の表し方もそれぞれで、見るからに不機嫌になる鳥もいるし、僕がかわいがってる鳥を攻撃してくることもあります。

なかには、自分で自分の毛を抜くなど自傷行為を始めることもあります。そしてその様子を、あからさまに見せつけよるんです。「こんなに傷ついてます」と知らせたいんでしょうね。

そんなに自分を痛めつけんでも、僕はきみら全員大好きやで、と抱きしめたくなってしまいます。

第4章

鳥少年がダチョウ博士になるまで

鳥のウ○コは平気でも、人間のことは苦手

アメリカやら東南アジアやら、仕事であちこち海外に行ってきました。そんな経験があるからか、どんなところでも平気で順応するタイプの人間やと思われがちです。でも実は、そうでもないんです。正直、あまり衛生的やないのは耐えられへんタイプです。

アジアの田舎のほうでは、トイレットペーパーを使わず、水でお尻を洗います。その後、手をちゃんと石鹸で洗ってるとはどうしても思われへんのです。その手で紙幣も触ってるはずや。売店で差し出された、ふにゃふにゃになったお釣りのお札を見るとついそんな連想が働いてしまい、「お釣り、ええわ……」となってしまいます。

ダチョウがウ○コつけて走っていても、「ダチョウやし、しゃあない」と思えるのに、ふにゃふにゃのお札は触りたくない。自分でも、人としてえらいバランスが悪いなと思います。

ようは人間が苦手なんでしょうね。バラエティ番組などに出たらけっこうようしゃべるので、信じてもらえないかもわかりませんが……実は僕は小さい頃から人間が嫌

いやったんです。

小4になってもひらがなが怪しかった

僕は小学校1年生から4、5年生まで、ほとんど学校に行っていません。何をしていたかというと、家で鳥と遊んでました。

学校に行きたくなかったのは吃音《きつおん》があったからです。

生まれたのは京都市の伏見でしたが、小学校に上がるときに八幡《やわた》市の男山団地というところに引っ越しました。もしかしたらこのことがストレスやったのかもしれません。当時は第二次ベビーブームで団地には大勢子どもがいて、集団登下校で並んで学校に行かなアカンと言われ、それがごっつ苦痛でした。

大勢子どもがおると、「僕1人くらいおらんでもええねん」という気持ちになってしまうんです。吃音症だから、なおさらみんなに交じりたくない。バカにされるし、しゃべりたくなくなるんですね。おとなしい子どもやったと思います。

僕には3歳上の姉がいてます。姉は小さい頃からごっつかしこかったので、「お姉ちゃんは3歳のとき、もうカルタできたのになぁ」

などと、オバハンらが余計なことを言います。でも僕はしゃべれるようになるのも遅かったし、何もできません。姉の存在もプレッシャーでした。

字を書くのも大の苦手でした。4年生になっても、ひらがなの「え」と「お」がうまく書けませんでした。「え」の最後のにょろにょろの部分がどうしても書けないんです。今でも「え」と「お」を書くときは一瞬、緊張します。パソコンの時代になったので、ほんまに助かってます。

小5で吃音が治って学校に通い出す

滋賀県に住む祖父は、吃音にええやろうと、落語のカセットテープをたくさん持ってきてくれました。上方落語の笑福亭松鶴《しょかく》師匠とか、桂文珍師匠のもあった覚えがあります。

落語を聞いていて吃音が治ることはなかったですが、おかげでそれ以来、お笑いが好きになりました。大学時代は落語研究会に入ろうかと思ったくらいです。

それに17~18歳ぐらいの頃、吉本興業がやっていた心斎橋二丁目劇場に足を運ぶようになり——そこでブレイク前のダウンタウンさんを見て衝撃を受け、めっちゃ好きになりましたわ。そんなことがあったんで、後にダウンタウンさんの番組に出たとき、おいしいダチョウの涙を舐めてもらいたいと必死やったんです。

お笑いが好きなので、バラエティ番組に出さしてもらうと「何かオモロイことを言わな」と思います。なかにはテレビを見た方から、

「偉い先生なのに、あんなふうにいじられて腹が立たないですか？」

と言われることもあります。偉い先生だなんて恐縮です。でも僕は逆に、いじられたりツッコまれたりするとうれしいんです。それに笑われることでダチョウのすばらしさを知ってもらうきっかけになるなら、おいしいやないですか。

話を元に戻すと、学校に行けるようになったきっかけは、ハーモニカなんです。

ハーモニカって子どもの頃、やたら練習させられますよね。「吸って」「吐いて」と順番にやっていけばドレミファ……と音が出るのかと思ったら、2回続けて吸わなあかん場所がある。ラとシのところです。なんや意地悪にできてる気がして、子ども心に「なんでこんなん吹かなあかんの」と気に食わんかったんです。

ところがあるとき、テレビで吉田拓郎さんがギター弾きながらハーモニカ吹いてるのを見て、カッコええなあと思って。自分もやればできるかなと思って練習したら、

ハーモニカが吹けるようになったんです。

そのあたりからちょっと自信がついてきたのかもしれません。小学校5年の頃に、自然に吃音が治り、学校にも行けるようになりました。

ひたすら鳥に熱中した少年時代

最初に鳥に興味を抱いたのは、幼稚園の頃やったと思います。たまたま近所でスズメの死骸を見つけたんです。内臓も出ていました。

「吸い寄せられる」という言葉がぴったりでしたね。なんでかスズメの死骸の前から動けんようになり、しゃがんでずーっと眺めていました。

こんなちっちゃい体で、なんであんなふうに空を飛べるんやろう。今見えてる内臓とか体の中にその秘密があるんやろうか。気になって仕方なかったんです。

小学校に入ると、鳥を飼い始めました。祖母がサクラブンチョウを買ってくれたし、セキセイインコ、ジュウシマツ、カナリヤなど、いわゆる小鳥をかたっぱしから飼いましたね。ペットとして売っている鳥だけやなく、巣から落ちていたスズメやツバメのヒナをよく拾ってました。40年以上前だから許されたことで、今は一般の人が野鳥を飼うことは禁止されています。そんなこんなで、小学生の間に100羽くらいは鳥を飼ったんじゃないでしょうか。

野生の鳥の場合、エサは何を食べさせたらええのか。小学生の頃は本で調べるという発想がなかったので、自分なりにずいぶんトライアル&エラーを繰り返しました。そうやって自分で探求するのが好きやったんやと思います。

文鳥やセキセイインコは、ヒナから育て上げることに興味がありました。ヒナが家にいてると、3時間おきにエサをやらなくてはあかんのです。母はパートに出ていて家にいないし、エサやりのために学校をいちいち抜け出すのも面倒くさいし、結局、学校なんか行っていられない。

学校に行きたくないから鳥を飼うてるのか、鳥を飼うてるから学校に行かれへんのか、自分でもようわからんようになってまう。でも両親とも鳥を飼うなとは言わなかったので、本当に助かりました。

そんな子どもやったんで、成績は悪かったですわ。相当やばい状態やったと思います。ただ、いつの間にか「鳥博士」とか「鳥といえば塚本」みたいな感じでまわりから認識されるようになっていました。

生き物を解剖した経験と愛鳥の死が原点

当時は縁日でヒヨコを売っていたので、それもよく買ってきました。ヒヨコは団地のベランダで飼ってましたが、縁日のヒヨコはたいていオスなんです。4ヶ月もすれば大声で鳴き始めます。隣の家の人もよう我慢してくれたもんです。

立派な成鳥に育ったら、滋賀の祖母のところに連れていっていました。おばあちゃんがそのニワトリをどうしたかは、神のみぞ知るという感じです。

鳥が死ぬと、ベランダで解剖もしました。どうやって鳥が動いているのか、生き物が生きていくためにはどんな仕組みが必要なのか。その秘密を知りたかったんです。

虫やカエルの解剖もしました。丁寧に解剖すると、内臓がどうつながってるかとか、カエルの筋肉の様子などがしっかり頭に入ります。そうやって自分で手を動かしながら、生き物のことを理解していったんやと思います。

後々獣医の勉強をするようになり、子どもの頃の解剖のやり方がけっこう正しかったことに気づきました。僕は学校に行けない子どもやったんで、時間だけはたっぷりあったわけです。誰にも教わらずに試行錯誤をしながら自分なりの方法論を見つけていったんですね。振り返ってみると、ひたすら鳥と戯れていたあの時間が今の僕の基礎を作った気がします。

でもつくづく、神様はイケズやと思います。どんなに大事に育てている鳥でも、死ぬときは死にます。それも、ほんまにかわいがっていた鳥、かしこい鳥ほど、先に殺しよるんです。いちばんかわいがっていたのは、「クロ」と名づけたサクラブンチョウでした。よく慣れていたので、籠《かご》から出して肩に乗せたりして遊んでいたんですが、小学校6年生のある日、足元にいるのに気づかず僕は踏んづけてしまいました。

クロを抱いてペットショップに行くと、こう言われました。

「お医者さんに診てもらわな」

そのとき初めて、獣医という存在を知ったんです。クロが生きているうちに鳥を診てくれる獣医にたどり着くことはできませんでした。

自分のせいで、クロを死なせてしまった――。

あのときの気持ちは今でも引きずっています。踏んだときの感触もまだ覚えてる気がして、何かよくないこと、困ったことが起きると「あのときの天罰が下ったんや」という気持ちになってしまいます。

中学時代の夢は料理人だった

中学生になると、鳥の飼い方もだんだん高度になっていきました。本を読んで調べるという術も覚えたので、知識がぐんと増えました。

中学校には一応通っていましたが、僕は部活もやらず、相変わらず鳥を飼い、それ以外ではたまに釣りをしていました。

熱中したのが産卵させてヒナを育てるという飼い方です。産卵を促すためには、どんなエサを与えたらいいかの研究もするようになりました。たとえば、小鳥のエサとして売られている粟《あわ》や稗《ひえ》に、卵黄を炒ったものを加える方法を発見しました。栄養分を高めるとよく発情するようになるといったことも、自分の手で確かめたりしました。

小学生時代はセキセイインコでしたが、オカメインコやボタンインコなどの中型インコも飼うようになりました。どんどん大きいもんがほしくなるんですね。そして将来、最大の鳥・ダチョウに行き着くわけですが……。

中学を出たら料理人になるつもりでした。不登校時代、お昼ご飯はチャーハンなんかを自分で作ってたんです。けっこう才能があるんちゃうかと思っていました。

「中学出たら、料理人になろう思てんねん」

両親にそう言ったら、

「一応、高校くらいは卒業したほうがええんちゃうか?」

と、まぁ、当然の返事が返ってきました。

中学3年のときに滋賀県に引っ越したので転校しましたが、相変わらず鳥にしか興味の湧かない毎日でした。

ところが親の希望どおり高校に行ったところ、なぜかあんまり勉強せんでも成績がよくなってきたんです。

理由は自分でもようわかりません。数学は公式を覚えたら何でもできる気がしたし、漢文や古文もオモロイといえばオモロイ。ついこの前までひらがなの「え」もよう書けんかったのに、急に勉強いうのはオモロイもんやと思い始めたんです。

ただ、脳の働きは相変わらず相当偏《かたよ》ってました。下駄箱の位置がどうしても覚えられへんのです。たぶん、空間把握がうまくいかないんですね。下駄箱の位置がわかれへんのは幼稚園のときからでしたが、高校になってもまったく進歩がありませんでした。学校に来たときはなんとか見つけられても、どういうわけか帰るときは、いつまでたっても自分の下駄箱にたどり着かへんのです。

大人になってもまだダメです。この間も飲みに行った帰りに、自分の靴がわからんようになって、涙目になりました。

料理人の夢はどうなったかというと——家の近くに餃子の王将ができて、食べたらめっちゃおいしいんです。いやぁ、あれは衝撃でした。食べた瞬間「自分が料理人になったとこで、こんなんにはかなうわけない」と悟りました。もう、完全敗北ですわ。

工場に就職、エアコンの室外機作りに励む

高校卒業後は、大手エアコン会社の工場に勤めました。僕の仕事は室外機の組み立てです。流れ作業の一員として、ドライバードリルを使って自分の担当箇所を組み立てるんです。

流れ作業というのは時間との闘いです。同じものがひたすら流れてくるので、一定の時間内に正確に自分の作業を終えて、次の人に引き継がなくてはあきません。ところが僕の上流のおっさんがどんくさくて、作業が終わらないうちに僕のほうまで流れてきよるんです。

作業が終わらないときはボタンを押すと、チンチロチロと音が鳴り、ラインが止まります。ラインを止める回数が多いと怒られるんですが、隣のおっさんが遅いせいで僕がボタンを押すはめになり、怒られてまう。

「いやいや、悪いのは僕やない、このおっさんや」

そんな毎日でした。

ところがしばらくすると、ブラジルの労働者が流れ作業にどーんと入ってきました。これはあかん。近い将来、この人たちに職を奪われるんやないか。同僚のおっさんらと、そんな話をしてました。それにひたすら単純作業を続けるのも、けっこうしんどかった。春から働き始めましたが、秋口くらいからは「やっぱり大学に行ってみようかな」という気持ちが湧いてきました。

そこで予備校の試験を受けてみたら、思いがけず成績がよかったんです。おかげで特待生にしてもらえて、授業料が免除になる上、月に2万円、奨学金をくれるというんです。そこで本格的に勉強を始めて、獣医学部を目指す決心をしました。「獣医以外やったら大学に行かんでもええ」と思ってました。

工場のラインで働いた1年間の経験は、今も無駄になっていません。後々ダチョウ

◎ダチョウ抗体マスクの生産現場。ダチョウマークが刻印されてゆく。

抗体マスクを作るようになったとき、この経験がかなり役に立ったんです。自分が工場の現場で働いていたからこそ、工場を動かすことやラインの組み方を具体的にイメージできます。単純作業のつらさも理解できます。

ダチョウ抗体マスクをアルミの袋に詰める作業は、パートのおばちゃんたちがやってくれています。おばちゃんたちは袋詰めのスピードも検品の精度もすばらしいです。

しかし軽くて白いものをひたすら詰める作業は精神的に危険で、長く続けると頭がいかれそうになるんですね。だからあえて1時間おきに違う色のマスクを流して作業してもらうなど、工夫をしています。ダチョウ抗体マスクはダチョウ力×おばちゃん力で成り立ってるようなもんです。

研究の原点はニワトリの感染症

翌年、晴れて大阪府立大学農学部獣医学科に入学。

将来は町の獣医さんになるのかなと、漠然と思っていました。ただ、できれば鳥専門で何かできないかという気持ちもありました。やっぱりなんのかんの言って、鳥がいちばん好きや――その気持ちは子どもの頃からいっこも変わってへんかったんです。

授業が始まってみて気づきました。僕は解剖や動物相手の実習について、かなり優秀やったんです。なかでも解剖は小さい頃からやり慣れてるわけで、自分で言うのもなんですが、学生のなかで群を抜いていました。

獣医学科は6年制で、4年生から研究室に入ることになります。僕は病理学をやりたいと思い、動物のがんの診断などを勉強し始めました。

その頃、兵庫県で大量にニワトリが死ぬことが何度かあり、出かけていって病気の原因を突き止めるフィールドワークをしょっちゅうやっていました。その経験を通し、感染症というのは畜産農家にとって本当に大変やな、と思いました。

養鶏は感染症との闘いです。ただ、感染症にかかったニワトリを１羽１羽治すとか、そういう世界やないんですね。単価が安いニワトリ１羽を治すために３０００円ものコストをかけてたらやってられへん。だから群れ全体をいかに守るかという発想で取り組むわけです。感染症の研究は大変で、だからこそやりがいがあるとも感じました。

当時の指導教官は、研究費もあまりもらえてないようで、なかなか業績が出せないでいました。そんな状況の先生をどう見習えっちゅう話です。反骨心がむくむくと湧き上がり、「自力でなんとか成果挙げなしゃあないな」と思ったんです。

その頃から自分で勝手に研究者になってしまった、という感じです。

学生時代に画廊ビジネスを起業!?

実は学部生時代に、有限会社を１つ作っています。なんと画廊です。

当時、アルバイトしていた家庭教師先のお父さんが小洒落た喫茶店を営んでいて、副業として画廊をやってはった。それでふっとある商売を思いついて、そのお父さんを手伝うことにしたんです。

当時は家庭用のＦＡＸが流行り始めたところでした。そこで下宿にＦＡＸ機能つきの電話を入れて、ＦＡＸで絵の注文を受けて、発送業務を請け負うことにしたんです。画廊のＦＡＸ販売窓口業務を請け負ったわけです。

時代はバブル経済まっさかり。絵は面白いほど売れました。僕は別に絵が好きやったわけでもないし、絵を評価する力もありません。というか、生の作品を見ることなしに売買してたんです。買うほうも、「トレンドやし、絵ぇ飾ってたらなんやカッコええし、とりあえず買《こ》うとこうか」てなもんでしょう。会社の収益は月70万円くらいはあったように記憶しています。

今思えば、時代の流れの中で「これや」とつかむ直観力は、当時からけっこうあったんかもしれません。祖父は滋賀県で魚屋をやってますし、僕にも近江商人の血が流れてるのでしょう。

僕は別に金持ちになって、ええ生活をしたくて会社をやっていたわけではありません。ウソです。ちょっとはええ生活したいという気持ちもありましたわ。でもそれよりも、もっと切実な理由があったんです。

公立大学の場合、各都道府県に教育関連予算が行き、そこから各大学に分配されます。研究室ごとに分配される研究費は正直まったく足りません。どうしても節約を徹底することになります。本来なら使い捨てにしたい実験器具も、2〜3時間かけて徹底的に洗って乾かしてまた使う、ということになるわけです。

「その時間、どう考えても無駄やん」と思ってしまうのが僕という人間です。指導担当の先生にこう言いました。

「それやったら自分の金で買いますから、その作業は勘弁してください」

扱いにくくて生意気な学生です。

でも無駄なことに時間を使うより、その時間でじっくり研究をしたい。お金で解決できることはお金で解決したほうが合理的です。その結果、研究成果が挙がれば、そのほうがええに決まってます。

ひょっとしたら、子どものときから学校という組織に慣れることなく育ってきたので、結果的に自分でものを考えるようになったんかもしれません。「みんながこうするから自分も」という発想がもともとないですし、暗黙のルールを察したりいろいろ忖度《そんたく》したりするの、向いてないんですわ。

学者でありながらビジネスマインドを持つ姿勢は、学生時代にすでに生まれていたわけです。

研究費を稼ぐために始めた「往診専門病院」

学部を卒業し、国家試験に受かって獣医師になりました。ここで開業する道もありましたが、大学院に進学することを決めました。研究することの面白さにすっかりハマってたんです。

相変わらず研究費がまったく足りない状態なので、何かで稼がな、と思いました。バブルがはじけて絵の人気は下火になっていたので、今度は獣医師の資格を活かし、往診専門の会社を立ち上げることにしました。

昼間は研究せなあかんですし、動物病院が閉まっている夜に往診に来てもらいたい飼い主さんは多いんですね。そこでもっぱら、夜間の往診を中心にやっていました。

いろんな人がいておもろかったですよ。「子どもが大事にしとるカブトムシの角が折れた」「亀の片足が動かへん」とか。「猫がいなくなったんです」なんて電話もありましたが、猫の居場所は獣医にはわかりかねますわ……。

政治家に呼ばれて犬の治療をしたこともありますし、ヤーさんのペットを治したこともあります。ヤーさんはだいたい大きな動物を飼いたがるんです。ホンマは虎でも飼いたいというのが本音でしょうが、さすがにそれができないので大型犬をよう飼いよる。または、ものすごいちっちゃいプードルとか飼いよる人もいてます。金のごっついブレスレットをした怖い顔のおっさんが、「プーちゃん♡」とか甘い声でちっこい犬を抱いたりしてましたね。

動物は話ができないので、飼い主さんから情報を引き出す必要があります。子どもの頃はしゃべるのが得意でなかった僕が今みたいなコミュニケーション力をつけることができたのは、往診獣医をやったおかげやと思ってます。

それに獣医というのは、動物の治療をしながら人を治す、みたいな面もあります。大事なペットの具合が悪いという時点で、飼い主さんは動揺しとるし、心を痛めてます。まずは飼い主さんを安心させてあげなあかんですし、治療の甲斐なくペットが死んだ場合はアフターケアも必要です。

死んだ犬にワクチンを打ってほしいという飼い主さんもいました。死んだという現実が受け入れられず、軽い錯乱を起こしているんですね。

ペットロスになった人には、頃あいを見て保護犬の預かりボランティアを勧めたりもします。飼い主さんの様子を注意深く見て、動物だけではなく、人のケアもする。それが獣医の仕事なんやと、この時期に気づきました。

歓楽街で「夜の獣医師」に

夜も診てくれる獣医としてクチコミで噂が広まって、難波の歓楽街からもよく電話がかかってきました。フィリピン人の女の子の飼い犬がマニキュアの除光液を舐めて泡吹いとるとか、そんなんばっかりです。「夜の獣医師」という感じでした。

夜中に水商売の女の子がいてるマンションで犬に点滴打って、仲良うしゃべって笑っていたら、ドンドンとドアをノックする音が――もう、悪い予感しかせえへん。怖い人が出てくるに決まってますやん。

どないしたらええねん。ベランダから逃げよか、メスを片手に闘うか。結局動くことすらできません。案の定、おっさんが来よるんです。

そういうとき、相手がヤーさんだろうが誰だろうが、なんとかうまく話をして好感を持ってもらわな自分の身を守れません。口がどんどん達者になるのを感じました。

ある日そんなふうにしてドアの向こうから現れた人には驚きました。ミュージシャンの桑名正博さんやったんです。めちゃくちゃ気がええ人で、フレンドリーに「Hey！」とハイタッチ。それをきっかけに仲ようさせてもらうようになり、「マー兄ちゃん」と呼んでなついてました。

あの人、江戸時代から続く大阪の廻船《かいせん》問屋のぼんぼんなんですね。いかにもそんな感じの鷹揚《おうよう》さと、親分肌のところがありました。マー兄ちゃんには芸能人やテレビのプロデューサーも紹介してもらいました。そこからテレビの世界とのつながりが生まれ、後々ダチョウ抗体の精製に成功した際も、番組で取り上げてくれたりしたわけです。ほんま、人の縁というのはどこで生まれるかわからんもんです。

そんなわけで、往診専門の獣医をしていた頃は、睡眠時間を削る毎日でした。ところが体質なのか、あまり寝なくても平気なんです。ダチョウ抗体の精製に成功して以降も忙しすぎて睡眠時間が短いですが、とくにストレスも感じません。今でも、休みの日にゴロゴロして過ごすことはまったくありません。というか、そもそも休みの日がない状態です。

唯一ぼーっと過ごしたのが、ダチョウ牧場でダチョウを眺めた5年間です。あのとき一生分休んだ気がするので、当分は休みなしでええかなと思ってます。

カナダ留学で遺伝子操作テクニックを磨いた

大学院在学中、カナダへ留学もしました。1年滞在して、いったん帰国してまた行ったりしたので、計2年近くになります。行き先はトロントよりまだ北のゲルフというところです。ゲルフ大学の獣医学部は北米でいちばん古い、由緒ある獣医学部やそうです。

カナダでは、主に肝臓の再生に関する研究をしていました。カナダはもともと動物が豊かな国なので、基礎研究にしろ臨床にしろ、獣医にとっては理想的な環境です。日本では家畜に偏りがちですが、あらゆる野生動物を対象にできるんですね。

カナダではラットのほか、馬なども使って研究をしていました。でも厩舎《きゅうしゃ》が大学から離れているのがやっかいでした。なにせ冬はマイナス30度まで下がり、オーロラが見えるようなところです。馬の血を採取しても凍ってしまうと台無しになるので、馬の血を入れたチューブを脇の下に挟んで温めながら大学まで帰らなあかんのです。

11月を過ぎると昼も暗いです。凍てつくような寒さのなかで馬の血を抱いてると、「こんな遠くまでやってきて僕は何をやってるんやろ」とせつない気分になります。

日本の大学との大きな違いは、カナダでは細かい作業はすべて専門の技術者がやってくれる点です。動物の世話も専門の人がいてます。日本ではそれらもすべて学生や教員自身がやらなあかんので、その分時間がとられてしまうんですね。

カナダに行ってよかったのは、英語力が身についたことと、遺伝子操作のテクニックが磨けたことです。それと、片頭痛持ちなんですが、カナダにいる間は治ってました。気候のせいかなと思いますが、日本を離れて解放感があったのかもしれません。

トイレでのスカウト

日本に帰ってからは膨大な量の論文を書きました。

論文には通常、数名の研究者の名前が連記されます。最初のファースト・オーサーは大学院生や助手の名前が入り、最後のコレスポンディング・オーサー（責任著者）は、たいがい大学の教授の名前が入るんです。

ところが僕は、ここまで読んでもらっておわかりのように教授とも助教授とも仲が悪いし、一方で研究費は自分で稼いでいます。そやからずっと、ファースト・オーサーであると同時にコレスポンディング・オーサーでした。

書いた論文を誰にも見せる必要がないし、書けたらすぐに投稿していくので、数が相当多いんです。大学院3年目と4年目で20本くらいは書いたと思います。

論文の内容は主に、がんを抗体でやっつけるというようなことです。つまり抗体そのものの研究は、大学院時代にすでに始まっていたわけです。

たくさん論文を書いたおかげで、チャンスも生まれました。ちょうどその頃、産学連携といったことが言われるようになり、研究者の研究成果を特許化して企業に技術移転する組織であるTLO（Technology Licensing Organization：技術移転機関）なども活発化してきました。そういうものを活用させていただくというやり方も、この時期に学んだことです。

大学院修了が間近にせまり、その後の進路を考える時期になりました。自分には日本の社会があんまり向いてへんし、アメリカに行こうかなとぼんやり思っていました。

そんなある日、解剖学の講師が辞めることになり、学内で送別会が行われました。

その最中にトイレに行ったら、解剖学の教授もトイレにいたんです。

「君、今年修了やろ。これからどうするんや？」

と話しかけてきました。

「いやぁ、特にあてはないんですけど、アメリカに行こかと思てるんです」

すると、その教授が思いがけないことを言ったんです。

「辞めてくあいつのポストが空くから、うちに来たらええ」

僕の何に興味を持ってくれたのかはわかりませんが、病理の研究室から解剖の研究室に移るというのは、実は業界の常識としては滅多にないことです。でもその「ふつうじゃない進路」があまのじゃくな僕に刺さったんかもわかりません。先生の誘いに乗ることに決めました。こうして大学の解剖学講師の職を得たわけです。

当時、大学はまだ独立法人化されていなかったので、教員は公務員ということになります。すると兼業ができず、動物病院で働いたり往診獣医をしたりすることはできないし、これまでの自分の研究は学生がやってくれるのでヒマになり、たどり着いたのが例の神戸のダチョウ牧場やった、というわけです。

そう考えると、餃子の王将と、トイレでの立ち話、そしてじいちゃん連合との出会いが、今の僕を作ったとも言えます。ほんま、人生にとって何が役に立つか、後にならないとわからんもんです。

コラム

塚本学長の鳥まみれ日記❹

獣医の特権・野鳥飼育の楽しさ

今、自宅では5羽の鳥を飼っています。モモイロインコ、ワキコガネウロコインコ、ズグロシロハラインコ、ホワイトフェイスパールパイド——これは光線によってちょっと光った感じになり、ごっつカッコええです。それと、かしこくて長生きすることで有名なヨウムのヨウちゃん。ヨウちゃんはもう15年生きています。

インコはかしこいですよ。ウンコのしつけもできます。ウンコしたいときには僕の耳をちょっと噛んで知らせる子もいてますし、「ウンコするならこのボタンを押してね」としつけると、できるようになる子もいます。インコに限らず、鳥は概してかしこいんです。

毎年春頃は、巣から落ちたスズメやツバメのヒナも家にやってきます。落ちていたのを自分で拾ったり、持ち込まれたりするんですね。野鳥は拾ったり飼ったりすることが法律で厳しく禁じられていますが、各都道府県から許可を得ている獣医師には特例で認められています。

ツバメのヒナを育てるのは、けっこう技術がいります。ツバメは基本、生きたエサしか食べません。そこでミルワームに慣れさせたり、止まってる水を飲ませたりするトレーニングをして、まずは家の中でも生きていけるようにするわけです。

家の中に蚊が入ってくると、ツバメは近くまで飛んでいって、口を大きく開けて蚊を吸って食べよるんです。蚊は、スパーンと口に吸い込まれていきます。見ているとおもろいし、ツバメはすごいなぁと感心します。

◎ツバメとの交流。ツバメが人に慣れるのは非常にまれなことです。

スズメやツバメは、独り立ちできるようになったら外の世界に返します。そのためにも、野生の鳥は家の中で放し飼いにしています。しばらく籠に入れておくと、筋力が落ちてしまい、野生で生きていけなくなるからです。

そんなわけで毎年春は、家の中を鳥が勝手に飛び回っています。

第5章

新型コロナウイルスに立ち向かうダチョウパワー

発生後すぐに中国から問い合わせが相次ぐ

２０１９年12月、中国で新しいウイルスが発生したというニュースが飛び込んできました。それまでも数年に1度は新しいウイルスが登場していたので、どうなるかと思って様子を見ていたら、またたく間に患者数が増えていきます。

感染力も強いようで、このままだと世界中に蔓延《まんえん》する可能性があるのではと心配していたら、中国政府や中国の研究者から、ダチョウ抗体に関する問い合わせが相次ぎました。一時しのぎですが、似たウイルスであるＳＡＲＳ抗体を備えた「ダチョウ抗体マスク」を中国に送りました。

しかしこれは一日も早く新型コロナウイルスの抗体を作らなあかんと決意しました。新たな感染症が流行るたびに、時をあけずにダチョウの卵の黄身から抗体を作ってきました。２００９年の新型インフルエンザ、２０１２年のＭＥＲＳ、その後もエボラ出血熱、デング熱などのダチョウ抗体を作り、世界各地で感染予防に役立ててもらっています。

コロナウイルスそのものに関しては大学生の頃から研究をしていて、遺伝子の構造は似ているので、ウイルスのどこを叩けば感染が防げるということはだいたい想像がつきます。SARSもMERSもコロナウイルスの一種なので、抗体を作った実績も経験もあったわけです。

ダチョウより先に自分の体で人体実験

2020年1月、尋常ならざるスピードで新型コロナウイルスの遺伝子情報がデータベースに公開されました。それを見ると、基本的にはSARSのウイルスとよく似ています。

1月末、遺伝子情報をもとに、今回の新型ウイルスの作製を開始しました。といっても、「スパイクたんぱく質」だけを培養細胞で作製したもので、感染力はありません。

スパイクたんぱく質は、コロナウイルスが人の細胞に感染する際に使うものです。電子顕微鏡でコロナウイルスを見ると、表面をスパイク状の突起が覆っています。その部分がスパイクたんぱく質です。

スパイクたんぱく質が受容体と結合して人間の細胞膜に融合し、ウイルスの遺伝子を細胞の中に放出することで、感染が始まります。1つのウイルスが細胞内に入ると、1000個ほどに増えると言われています。

ウイルスが行動を開始する場所は、主に鼻や喉の粘膜の上皮細胞です。ウイルスが入った飛沫《ひまつ》を鼻から吸ったり、ウイルスがついた手で口を触ったりすることで感染するんですね。そしていちばん多くスパイクたんぱく質がとり付くのが、肺の上皮細胞です。そのため肺炎の症状が出る、というわけです。

スパイクたんぱく質をブロックする抗体があれば、細胞にとり付くことができなくなるので、感染を防ぐことができます。新型コロナウイルスに対応した抗体をたとえばマスクに配合すれば、感染者と同じ空間にいても、マスクの表面でダチョウ抗体が新型コロナウイルスを不活性化してくれます。一日でも早く抗体を作らねばと思い、睡眠時間を削って取り組みました。

無毒化した新型コロナウイルスのスパイクたんぱく質は、すぐに作製できました。これをいきなりダチョウに注射して、万が一ダチョウさんに何かあったら申し訳ありません。そこでまずは自分に打ってみることにしました。ダチョウさんのための人体実験です。

というのは大義名分で、研究を進めるために僕自身を感染から守らなあかんかったわけです。すると間もなく体内に抗体が生まれたことが確認できました。自分で作ったワクチンが効いたということです。

世界に先駆けて抗体精製に成功

僕の体でとくに問題は起きなかったので、いよいよダチョウに注射させていただくことに。その2週間後には期待どおり、大量の抗体が含まれる卵を産んでくれはりました。

世界保健機構（ＷＨＯ）は2月に、新型コロナウイルスの正式名称をＣＯＶＩＤ－19と命名しました。ちょうどその頃、研究室ではダチョウ抗体がＣＯＶＩＤ－19ウイルスのスパイクたんぱく質と強く結合し、生きたコロナウイルスの感染を抑制することが実証できていました。こうして世界に先駆けて、新型コロナウイルスを不活性化させる抗体の精製に成功したのです。

抗体の大量生産に関しても、ダチョウパワーのおかげで世界でいちばん乗りできました。水戸黄門の印籠やないけど、マスクについてるダチョウマークを、「これが目に入らぬか」と掲げたい気分です。もちろん偉いのは、新型コロナウイルスの抗体が入ったええ卵を次々と産んでくれてはるダチョウさまです。

さっそくダチョウ抗体の大量生産を開始し、ダチョウ抗体マスクに配合しました。最優先で納品した先は医療関係者の方々です。それから一般の方向けのマスクにも配合しましたが、抗体は足りているもののマスク工場の生産力には限りがあるので、2021年春現在、需要に生産が追いつかず面目ありません。

マスクに続き、新型コロナウイルス対応の抗体入りスプレーや抗体入りキャンディーの生産も始まりました。スプレーをドアノブやマスクに吹きかけておくと、万が一ウイルスがついても、そこで抗体がキャッチして不活性化してくれます。

キャンディーは人込みに出かけたり満員電車に乗るときに舐めていると、喉粘膜をウイルスから守ってくれます。

1羽で年間800万枚のマスクに対応可能

ここまでに何度か書きましたが、ダチョウ抗体のいいところは、低コストで短期間に大量の抗体を作れる点です。

卵1個の重さは1・5~2キログラムで、取れる抗体の量は卵1個につき約4グラム。そこからなんと8万枚のマスクを作ることができるんです。1羽が年間に産む卵の数はだいたい100個。1羽で年間800万枚のマスクに対応できる、というわけです。よって目下、ダチョウ抗体を作ってくださるダチョウさまは1羽のみです。

今回、どのダチョウに新型コロナウイルスの抗体を作ってもらうか、慎重に検討しました。世界の人々の命がかかってるんです。絶対に失敗は許されません。慎重に、ええメスを選びました。

どんなんが「ええメス」かというと、安定して質のいい卵を産んでくれるメスです。僕が管理にかかわっているダチョウに関しては、どのメスがどんな卵を年間何個産むのか、データをきちっと取っています。ガタイは立派やのにあまり卵を産まないメスもおるし、殻がふにゃっと歪んだ卵を産むメスもいてます。

そんななかで「この子や!」と白羽の矢を立てたのは、推定10歳の美しいメス。新型コロナウイルス係のダチョウ姫は、見込みどおり、抗体がたっぷり入ったええ卵をどんどん産んでくれはります。

新型コロナはこの先どうなるか

ここで今回のCOVID−19について、もう少し説明しておきたいと思います。病原菌や微生物は、危険性に応じて4つのリスクグループに分けられます。いちばん危険性が少ないのはグループ1、最も危険性が高いのがグループ4です。

いちばんリスクが高いグループ4には、天然痘やエボラ出血熱が含まれています。そして今のところCOVID−19は、グループ3にカテゴライズされています。グループ3にはSARSやMERS、ヒト免疫不全ウイルス（HIV）、狂犬病ウイルスなどが含まれています。グループ2である季節性インフルエンザやノロウイルスより危険性が高いということです。

COVID−19は次々と変異しています。短期間に変異するのはウイルスにはよくあることですが、どういう方向に変異していくかが問題です。感染力が強い方向に行くのか、病原性（病原体が病気を起こそうとする力）が高い方向に行くのか。あるいは弱毒化していく場合もあります。

今までの呼吸器系の感染症の例をみると、ある程度流行が広まったらウイルスそのものが弱毒化していくのが一般的な流れです。そして季節性のインフルエンザとそれほど変わらなくなってしまうケースが多いのです。

なぜそうなるかというと、病原性が強くなりすぎると宿主である人間が動けなくなったり、死んでしまったりするからです。するとウイルス自体が勢力を伸ばして生き延びることができなくなるので、戦略としてはあまりよろしくない、ということでしょう。

ほどよい感じで人になじみ、居場所を拡大していく。それが大方のウイルスが取っている生き延びるための戦略です。ヘルペスウイルスなどは完璧に人の体に入り込み、普段はおとなしくしているけれど、免疫力が落ちるとガッと増えて悪さをします。これなど、まさにわれわれは「ウィズウイルス」状態なわけです。

ただ、COVID－19が今以上に狂暴化しないという保証はありません。それがウイルスの怖いところです。まだまだ油断はできませんし、個人でもできる限りの対策を取るべきだと思います。

ダチョウ抗体マスクは「カジュアル・イノベーション」

ＭＥＲＳコロナウイルスのときは、ワクチン開発がなかなかうまくいかず、鎮圧に8年かかりました。最新の科学をもってしても、人間はウイルスを相手になかなか勝利ができないんですね。

新型コロナウイルスも、おさまるまでにまだしばらく時間がかかるでしょう。ワクチンは異例の早さで製品化にこぎつけましたが、日本人がワクチン接種を受けられるようになったのは、流行が始まってから1年以上後、２０２1年2月からです。

新型コロナウイルスに対する有望なワクチン開発に、アメリカ政府は百数十億ドルの公的資金を投入したといいます。もう、額が大きすぎてピンときません。

そこへいくとマスクなら迅速で手軽に、安く製品化ができます。こう言ってはなんですが、たかがマスクですから。されどマスク。誰でも簡単に使えて、なおかつ非常に有効性の高い感染症対策です。

僕は、カジュアル・イノベーションという言葉を提唱しています。技術や研究を使ってフットワークよく新商品を開発し、迅速に多くの人に役立ててもらう。そんな商品が実は優れているし、多くの人の役に立つ気がします。ダチョウ抗体マスクも、抗体入りのスプレーも、カジュアル・イノベーションです。

すでにアメリカで、ダチョウ抗体は新型コロナウイルスの治療に使われています。人工呼吸器を介して肺にダチョウ抗体を入れるという治療です。未承認ですが、自由診療で取り入れている病院があり、希望する患者さんは多いようです。こういう点ではアメリカのフットワークのよさは見習いたいところです。

ウイルスが「見える化」できればこわくない

最近はオープン・イノベーションということも、よう言われています。こちらはハーバード・ビジネス・スクールの偉い先生が提唱した言葉で、大学や研究室、企業、起業家などが枠組みを超えて新たな製品やサービスを開拓するということです。

ダチョウ抗体も、さまざまな技術と結びつくことでさらに可能性が広がるはずです。たとえば今考えているのは、リスクを「見える化」する技術です。

エアコンのフィルターに新型コロナウイルスのダチョウ抗体を仕込むことで、吸い込んだ空気中にウイルスを感知すると、センサーの色が変わるとか——。リスクが目に見えると対策が立てやすくなるし、色が変わっていなければ、ここは安全なんだと安心して過ごすことができます。

目に見えない敵と闘わなアカンという状態は、なかなかしんどいですね。みなさんも強く感じてはることやと思います。でも、敵が見えたらそれほどこわくありません。ダチョウ抗体で、なんとかそういう技術を生み出せないものか。

車を運転しているとき、警察に止められてアルコールの呼気検査をされたことがありました。あのアルコール検知器にもダチョウ抗体をしみ込ませ、反応したら光が出るとか、数値として出るようになったら、PCR検査よりも迅速に感染者を見つけることができるんちゃうか——。

「見える化」の手段にはこんなアイディアもあります。iPhoneは顔認証で開くことができますよね。ということは、たとえばコロナにかかる前とかかった後、すべての顔が記録されるはずです。

それがビッグデータとして蓄積されると、「コロナ顔」を識別できるようになるかもしれません。日本人のコロナ顔はこういう特徴があるというデータが集まれば、写真を撮っただけで、感染の可能性がある人を識別できるわけです。

今、建物の入り口にサーモグラフィーを使って発熱者を見つけられる装置を置いてあるところがけっこうありますね。ああいう感じで、いずれ顔認証で感染者を見つけられるようになるかもしれません。

iPhoneを使って自分の顔を撮れば「今日はちょっとコロナ顔かも」とわかるようになることも考えられます。その時点でPCR検査を受ければいいわけです。

医療機関以外の分野でも、感染症に対してできることはたくさんあるはずです。さまざまな技術と研究が結びつき、カジュアルでオープンなイノベーションの積み重ねで、病気に立ち向かっていく。そんな時代は、もう始まっていると思います。

コラム

塚本学長の鳥まみれ日記❺

鳥に言葉を教えると……

インコなど、人間の言葉を覚える鳥がいてますが、よくしゃべるようになるのはオスです。しゃべらせたかったらオスを飼うのがおすすめです。

鳥に人間の言葉を教えるのは、寝る前がいちばんです。寝てる間に記憶が脳に定着するんですね。そのしくみは人間も同じです。

モモイロインコのももちゃんは、ようしゃべります。自分で「ももちゃん、ももちゃん」言うてますし、玄関のチャイムがピンポ～ンと鳴ると、誰よりも早く「は～い」と返事しよる。

夕方になったら、絶対に寝てしまうインコがいました。そいつは「寝る」と宣言してから籠に帰って行って寝よるんです。ほんまにかわいいです。かしこいので、状況と言葉がちゃんと一致しとるんですね。

うちで飼ってるヨウムのヨウちゃんは、でっかい声で「出してくれ〜！」と叫びます。ご近所に聞かれたらどないしよ、とヒヤヒヤします。

なんでそんな言葉を覚えたかというと、僕が娘に、ヨウちゃんを籠から出してもらおうと思って「出してくれ！」とよく言うからです。それを聞いて勝手に覚えてしまうんやから、やっぱりごっつ頭がええ。

ペットショップでは病気になった鳥を治療してあげても、売りに出せない場合があります。そういう鳥はかわいそうになって、ついつい全部引き取ってしまいます。だからどんどん増えていってしまうわけです。それを親に預けたり、ヨメさんの親に預けたりするので、まわりはみんな被害者みたいなもんです。

今、母親に飼ってもらってるキビタイボウシインコのメロンちゃんもよくしゃべり、「お父さーん」と言います。オヤジが生きてるときに母親がオヤジを呼ぶのを、自然に覚えてしまったのでしょう。庭に人影があると、「お父さーん」と声をあげる。オヤジはもう死んで、いてへんのに――。母親はそのたびに泣いています。それがなんとも、せつないです。

おわりに

大学のキャンパスで3羽のエミューを飼い始めたのは、2019年の5月です。1日に2回は散歩に連れていかなあかんので、キャンパスでエミューを引き連れて歩いていたところ、学生たちの間でかなり評判になりました。それで「ひょっとしてこの先生、人望あるんちゃうか」と勘違いされたんでしょうね。学長選に引っ張り出され、気がついたら京都府立大学の学長になっていました。

学長は大学の宣伝もしなくてはいけません。私立大学なら広告広報費などがあって派手にできるでしょうが、国公立の場合なかなかそれもできません。そのなかで大学の知名度を上げなあかんわけです。僕は以前からテレビに出張っていたので、宣伝効果も期待されたのかもしれません。

学長というのは、大概、お年寄りの方がなるもんです。51歳でホンマにやっていいんかと、心配してくれる人もけっこういました。研究が止まってしまうんちゃうか、だから学長にならんでほしいという企業からの要望もありました。

でも学長候補は推薦制で、5人以上の連名で「この人を推薦する」という書類が出されたら、学長選に出なあかんのです。出るからには選ばれないと、推薦してくれた人に申し訳がたちません。そんなわけで2020年3月31日付で、学長になってしもうた、というわけです。

就任したのはコロナ禍の真っただ中。入学式はどうするか、授業はどうするか、いろいろな問題が出てきて、結局コロナ対策ばかりの1年でした。僕は感染症対策が専門なので、どうしてもシビアになり、最大限の安全策を取りたいと考えてしまいます。一方であまりキツキツにしてしまうと、健全な学生生活が犠牲になります。そのあたりで、決断に迷うことばかりでした。


僕が学生や若い研究者に望んでいるのは、学問とビジネスをどう両立させるか、そのあたりの感覚を磨いてほしい、ということです。日本では小学校から大学まで、あまりお金のことを教えません。学者の世界でも、まだまだ「学者がお金のことを言うなんて何事ぞ」といった空気があります。

でも年々国から支給される研究費は減っていますし、その傾向はこれからも続くでしょう。どうやって研究費を得るかというのは大きな課題となります。そんな状況のなか、日本の大学・大学院生がお金の知識がない状態で社会に放り出されたら、グローバル化の時代、海外の国に負けてしまうのは目に見えています。

今は基礎研究も含めて、日本では研究者が減っています。博士課程に行っても先の見通しが立たないということで、博士課程に進む人が減少しているんですね。待遇にしても、僕が留学していたカナダの教授に比べると日本の給与は3分の1くらいです。

僕みたいに、テレビのバラエティ番組でツッコまれたり、ベンチャー企業にかかわったりする研究者は、まだまだ少ないです。別にテレビでツッコまれる必要はありませんが、これからの学者はビジネスセンスも大事やと思います。

ビジネスと学問を両立させ、研究を多くの人々のために役立てるイメージを持つ。そうした学生や研究者がこの先たくさん出てくれたら、と願ってやみません。

子ども時代は不登校でまわりからはアホやと思われた僕でも、大好きな鳥にかかわりたいと思って生きてきた結果、感染症から人を守るという形で人の役に立てるようになりました。しかもなぜか大学の学長になってもうたわけです。

ダチョウはアホやけど、その驚異的な生命力で僕ら人間の命を守ってくれ、ごっつ役に立ってくれています。もしかしたらちょっとアホなくらいのほうが、けっこう世のため人のため、役に立つのかもしれませんね。

〈著者プロフィール〉
塚本康浩（つかもと・やすひろ）

1968年京都府生まれ。京都府立大学学長。獣医師、博士（獣医学）、ダチョウ愛好家。大阪府立大学農学部獣医学科卒業後、博士課程を修了し、同大学の助手に就任。家禽のウイルス感染症の研究に着手する。同大学の講師、准教授を経て、2008年4月に京都府立大学大学院生命環境科学研究科の教授となり、2020年、同大学学長に就任。1998年からプライベートでダチョウ牧場「オーストリッチ神戸」でダチョウの主治医となる。2008年6月にダチョウの卵から抽出した抗体から新型インフルエンザ予防に役立つ〝ダチョウマスク〟を開発した。マスク以外にもダチョウ抗体をもとにがん予防から美容までさまざまな研究に取り組んでいる。「情熱大陸」「ガイアの夜明け」「激レアさんを連れてきた。」などTV出演多数。著書に『ダチョウ力』『ダチョウの卵で、人類を救います』がある。

ダチョウはアホだが役に立つ

2021年3月15日　第1刷発行

著　者　塚本康浩
発行人　見城 徹
編集人　福島広司
編集者　前田香織

GENTOSHA

発行所　株式会社 幻冬舎
　　　　〒151-0051　東京都渋谷区千駄ヶ谷4-9-7
電話　03(5411)6211(編集)
　　　03(5411)6222(営業)
振替　00120-8-767643
印刷・製本所　中央精版印刷株式会社

検印廃止

ISBN978-4-344-03766-3　C0095
幻冬舎ホームページアドレス　https://www.gentosha.co.jp/

この本に関するご意見・ご感想をメールでお寄せいただく場合は、
comment@gentosha.co.jpまで。